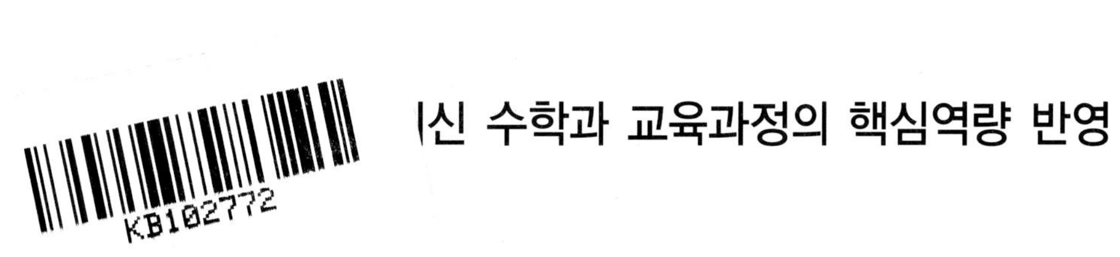

신 수학과 교육과정의 핵심역량 반영

완전타파 과정 중심

서술형 문제

김진호 · 박경연 · 여승현 · 이응석 지음

4학년 1학기

교육과학사

서술형 문제! 왜 필요한가?

과거에는 수학에서도 계산 방법을 외워 숫자를 계산 방법에 대입하여 답을 구하는 지식 암기 위주의 학습이 많았습니다. 그러나 국제 학업 성취도 평가인 PISA와 TIMSS의 평가 경향이 바뀌고 싱가폴을 비롯한 선진국의 교과교육과정과 우리나라 학교 교육과정이 개정되며 암기 위주에서 벗어나 창의성을 강조하는 방향으로 변경되고 있습니다. 평가 방법에서는 기존의 선다형 문제, 주관식 문제에서 벗어나 서술형 문제가 도입되었으며 갈수록 그 비중이 커지는 추세입니다. 자신이 단순히 알고 있는 것을 확인하는 것에서 벗어나 아는 것을 논리적으로 정리하고 표현하는 과정과 의사소통능력을 중요시하게 되었습니다. 즉, 앞으로는 중요한 창의적 문제 해결 능력과 개념을 논리적으로 설명하는 능력을 길러주기 위한 학습과 그에 대한 평가가 필요합니다.

이 책의 특징은 다음과 같습니다.

계산을 아무리 잘하고 정답을 잘 찾아내더라도 서술형 평가에서 요구하는 풀이과정과 수학적 논리성을 갖춘 문장구성능력이 미비할 경우에는 높은 점수를 기대하기 어렵습니다. 또한 문항을 우연히 맞추거나 개념이 정립되지 않고 애매하게 알고 있는 상태에서 운 좋게 맞추는 경우, 같은 내용이 다른 유형으로 출제되거나 서술형으로 출제되면 틀릴 가능성이 더 높습니다. 이것은 수학적 원리를 이해하지 못한 채 문제 풀이 방법만 외웠기 때문입니다. 이 책은 단지 문장을 서술하는 방법과 내용을 외우는 것이 아니라 문제를 해결하는 과정을 읽고 쓰며 논리적인 사고력을 기르도록 합니다. 즉, 이 책은 수학적 문제 해결 과정을 중심으로 서술형 문제를 연습하며 기본적인 수학적 개념을 바탕으로 사고력을 길러주기 위하여 만들게 되었습니다.

이 책의 구성은 이렇습니다.

이 책은 각 단원별로 중요한 개념을 바탕으로 크게 '기본 개념', '오류 유형', '연결성' 영역으로 구성되어 있으며 필요에 따라 각 영역이 가감되어 있고 마지막으로 '창의성' 영역이 포함되어 있습니다. 각각의 영역은 '개념쏙쏙', '첫걸음 가볍게!', '한 걸음 두 걸음!', '도전! 서술형!', '실전! 서술형!'의 다섯 부분으로 구성되어 있습니다. '개념쏙쏙'에서는 중요한 수학 개념 중에서 음영으로 된 부분을 따라 쓰며 중요한 것을 익히거나 빈칸으로 되어 있는 부분을 채워가며 개념을 익힐 수 있습니다. '첫걸음 가볍게!'에서는 앞에서 익힌 것을 빈칸으로 두어 학생 스스로 개념을 써보는 연습을 하고, 뒷부분으로 갈수록 빈칸이 많아져 문제를 해결하는 과정을 전체적으로 서술해보도록 합니다. '창의성' 영역은 단원에서 익힌 개념을 확장해보며 심화적 사고를 유도합니다. '나의 실력은' 영역은 단원 평가로 각 단원에서 학습한 개념을 서술형 문제로 해결해보도록 합니다.

이 책의 활용 방법은 다음과 같습니다.

이 책에 제시된 서술형 문제를 '개념쏙쏙', '첫걸음 가볍게!', '한 걸음 두 걸음!', '도전! 서술형!', '실전! 서술형!'의 단계별로 차근차근 따라가다 보면 각 단원에서 중요하게 여기는 개념을 중심으로 문제를 해결할 수 있습니다. 이 때 문제에서 중요한 해결 과정을 서술하는 방법을 익히도록 합니다. 각 단계별로 진행하며 앞에서 학습한 내용을 스스로 서술해보는 연습을 통해 문제 해결 과정을 익힙니다. 마지막으로 '나의 실력은' 영역을 해결해 보며 앞에서 학습한 내용을 점검해 보도록 합니다.

또다른 방법은 '나의 실력은' 영역을 먼저 해결해 보며 학생 자신이 서술할 수 있는 내용과 서술이 부족한 부분을 확인합니다. 그 다음에 자신이 부족한 부분을 위주로 공부를 시작하며 문제를 해결하기 위한 서술을 연습해보도록 합니다. 그리고 남은 부분을 해결하며 단원 전체를 학습하고 다시 한 번 '나의 실력은' 영역을 해결해 봅니다.

문제에 대한 채점은 이렇게 합니다.

서술형 문제를 해결한 뒤 채점할 때에는 채점 기준과 부분별 배점이 중요합니다. 문제 해결 과정을 바라보는 관점에 따라 문제의 채점 기준은 약간의 차이가 있을 수 있고 문항별로 만점이나 부분 점수, 감점을 받을 수 있으나 이 책의 서술형 문제에서 제시하는 핵심 내용을 포함한다면 좋은 점수를 얻을 수 있을 것입니다. 이에 이 책에서는 문항별 채점 기준을 따로 제시하지 않고 핵심 내용을 중심으로 문제 해결 과정을 서술한 모범 예시 답안을 작성하여 놓았습니다. 또한 채점을 할 때에 학부모님께서는 문제의 정답에만 집착하지 마시고 학생과 함께 문제에 대한 내용을 묻고 답해보며 학생이 이해한 내용에 대해 어떤 방법으로 서술했는지를 같이 확인해 보며 부족한 부분을 보완해 나간다면 더욱 좋을 것입니다.

이 책을 해결하며 문제에 나와 있는 숫자들의 단순 계산보다는 이해를 바탕으로 문제의 해결 과정을 서술하는 의사소통 능력을 키워 일반 학교에서의 서술형 문제에 대한 자신감을 키워나갈 수 있으면 좋겠습니다.

저자 일동

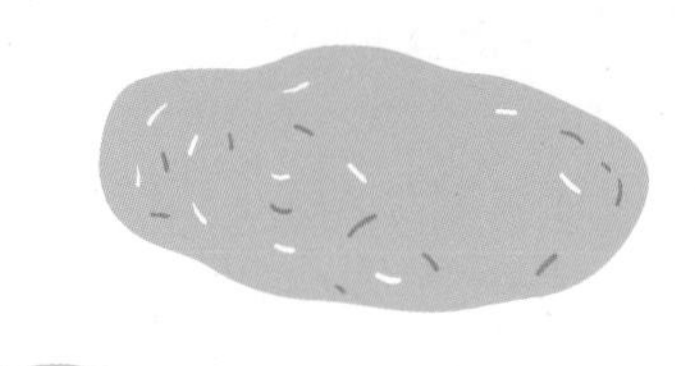

차례

4-1

1. 큰 수

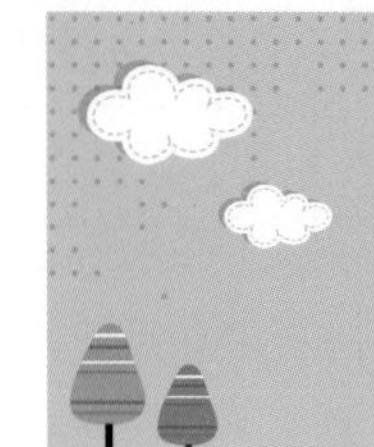

1. 큰 수 (기본개념1)

개념 쏙쏙!

현아네 반에서는 불우이웃을 돕기 위한 성금을 모았습니다. 성금은 모두 얼마인지 구하고 설명해 봅시다.

1 현아네 반에서 모은 성금을 쉽게 셀 수 있는 방법을 설명해 봅시다.

같은 종류별로 모아 세어 봅니다.

2 표를 이용하여 해결하여 봅시다.

10000원	5장	⇒	50000원	현아네 반에서 모은 성금은 52870원입니다.
1000원	2장	⇒	2000원	
100원	8개	⇒	800원	
10원	7개	⇒	70원	

정리해 볼까요?

성금 금액 구하기

현아네 반에서 모은 성금은 같은 종류별로 모아서 세면, 10000원이 5장, 1000원이 2장, 100원이 8개, 10원이 7개로 52870원이 됩니다.

첫걸음 가볍게!

재윤이네 반에서는 이번 여름에 홍수로 인해 어려움을 겪고 있는 사람들을 돕기 위한 성금을 모았습니다. 성금은 모두 얼마인지 구하고 설명해 봅시다.

1 재윤이네 반에서 모은 성금을 쉽게 셀 수 있는 방법을 이야기해 봅시다.

같은 □ 별로 모아 세어 봅니다.

2 표를 이용하여 해결하여 봅시다.

<table>
<tr><td>50000원</td><td>□ 장</td><td rowspan="2">⇒</td><td rowspan="2">□ 원</td><td rowspan="4">재윤이네 반에서 모은 성금은 모두 □ 원 입니다.</td></tr>
<tr><td>10000원</td><td>□ 장</td></tr>
<tr><td>5000원</td><td>□ 장</td><td rowspan="2">⇒</td><td rowspan="2">□ 원</td></tr>
<tr><td>1000원</td><td>□ 장</td></tr>
</table>

3 성금을 구하는 방법을 설명하고 답을 써봅시다.

재윤이네 반에서 모은 성금은 같은 종류별로 모아서 세어 봅니다. 먼저 50000원이 □ 장, 10000원이 □ 장으로 □ 원이 되고, 또 5000원이 □ 장, 1000원이 □ 장으로 □ 원이 됩니다. 모두 합하면 □ 원이 됩니다.

한 걸음 두 걸음!

현정이는 동생들과 함께 어버이날 선물을 사기 위해 돈을 모았습니다. 모은 돈이 모두 얼마인지 구하고 설명해 봅시다.

1 현정이와 동생들이 모은 돈을 쉽게 셀 수 있는 방법을 이야기해 봅시다.

____

2 표를 이용하여 해결하여 봅시다.

<table>
<tr><td>10000원</td><td></td><td>⇒</td><td>원</td><td rowspan="5">현정이와 동생들이
모은 돈은 모두
______원입니다.</td></tr>
<tr><td>5000원</td><td></td><td>⇒</td><td>원</td></tr>
<tr><td>1000원</td><td></td><td>⇒</td><td>원</td></tr>
<tr><td>500원</td><td></td><td>⇒</td><td>원</td></tr>
<tr><td>100원</td><td></td><td>⇒</td><td>원</td></tr>
</table>

3 모은 돈을 구하는 방법을 설명하고 답을 써봅시다.

현정이와 동생들이 모은 돈은 ______________________________

______________________________ 모두 [   ] 원이 됩니다.

도전! 서술형!

정윤이는 설에 친척들에게 세뱃돈을 받았습니다. 세뱃돈이 모두 얼마인지 구하고 설명해 봅시다.

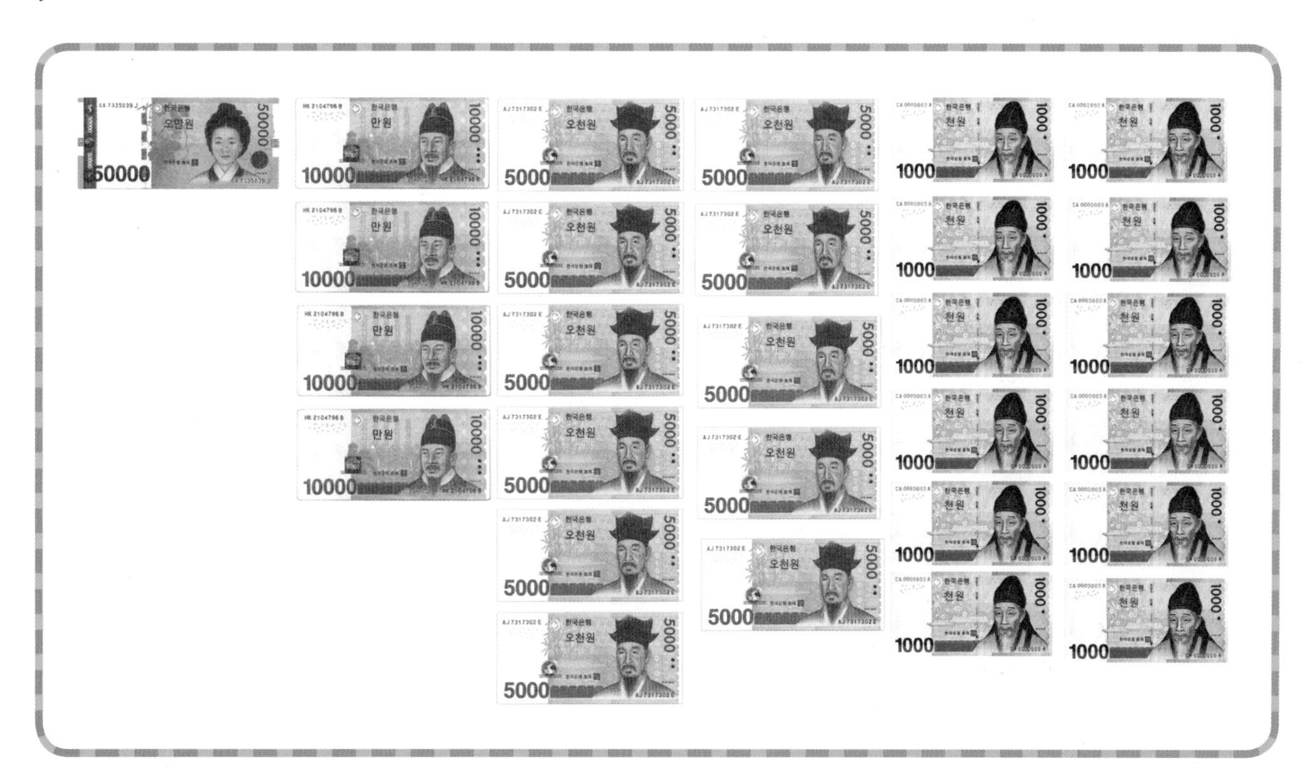

1 정윤이가 받은 돈을 쉽게 셀 수 있는 방법을 이야기해 봅시다.

2 표를 이용하여 해결하여 봅시다.

		⇒	원	정윤이가 받은 세뱃돈은 모두 ______원 입니다.
		⇒	원	
		⇒	원	
		⇒	원	

3 세뱃돈을 구하는 방법을 설명하고 답을 써봅시다.

실전! 서술형!

민재는 세계지도를 보며 세계 여행에 대한 꿈을 키우고 있습니다. 오늘은 인터넷을 검색하여 민재가 가 보고 싶은 곳의 여행경비를 조사하여 보았습니다. 각 여행지별로 드는 비용은 얼마인지 구하고 설명해 봅시다.

스웨덴 ⇒ 10000원 249장

그리스 ⇒ 1000원 2690장

스페인 ⇒ 100원 27800개

여행지	여행경비
스웨덴	원
그리스	원
스페인	원

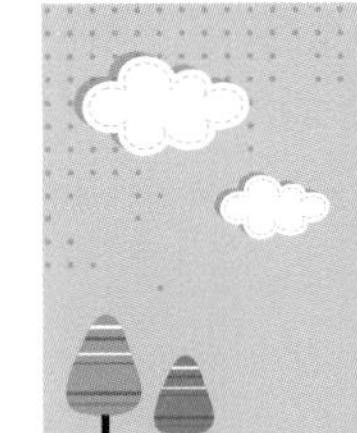

1. 큰 수 (기본개념2)

개념 쏙쏙!

주어진 수의 십만 자리의 숫자와 주어진 수를 10배 한 수의 십만 자리의 숫자를 각각 더하면 얼마인지 구하고 설명해봅시다.

1654321

1 주어진 수를 표를 이용하여 나타내봅시다.

백만	십만	만	천	백	십	일
1	6	5	4	3	2	1

주어진 수에서 십만 자리의 숫자는 6입니다.

2 주어진 수의 10배 한 수를 표를 이용하여 나타내봅시다.

천만	백만	십만	만	천	백	십	일
1	6	5	4	3	2	1	0

주어진 수를 10배한 수에서 십만 자리의 숫자는 원래 수의 만 자리의 숫자인 5입니다.

3 주어진 수의 10배 한 수를 표를 이용하여 나타내봅시다.

$6+5$는 11이 됩니다.

정리해 볼까요?

자리 숫자 찾아 더하기

주어진 수의 십만 자리 숫자는 6이고, 10배한 수의 십만 자리의 숫자는 원래 수의 만 자리의 숫자인 5입니다.

그러므로, 두 수를 더하면 $6+5=11$이 됩니다.

첫걸음 가볍게!

주어진 수의 억 자리의 숫자와 주어진 수를 10배한 수의 억 자리의 숫자를 각각 더하면 얼마인지 구하고 설명해 봅시다.

8549631572

1 주어진 수를 표를 이용하여 나타내봅시다.

십억	억	천만	백만	십만	만	천	백	십	일

주어진 수에서 억 자리의 숫자는 □ 입니다.

2 주어진 수의 10배 한 수를 표를 이용하여 나타내봅시다.

백억	십억	억	천만	백만	십만	만	천	백	십	일

주어진 수를 10배한 수의 억 자리의 숫자는 원래 수의 □ 자리의 숫자인 □ 입니다.

3 주어진 수와 주어진 수를 10배한 수의 십만 자리의 숫자를 각각 더하면 얼마인지 구해봅시다.

주어진 수의 억 자리 숫자는 □ 이고, □ 배한 수의 억 자리의 수는 원래 수의 □ 자리의 숫자인 □ 입니다. 그러므로, 두 수를 더하면 □ + □ = □ 이 됩니다.

한 걸음 두 걸음!

주어진 수를 10배 한 수와 100배 한 수의 백만 자리의 숫자를 각각 더하면 얼마인지 구하고 설명해 봅시다.

5419853057

1 주어진 수의 10배 한 수를 표를 이용하여 나타내봅시다.

백억	십억	억	천만	백만	십만	만	천	백	십	일

주어진 수를 10배한 수의 백만 자리 숫자는 ☐ 입니다.

2 주어진 수의 100배 한 수를 표를 이용하여 나타내봅시다.

천억	백억	십억	억	천만	백만	십만	만	천	백	십	일

주어진 수를 100배한 수의 백만 자리 숫자는 ☐ 입니다.

3 주어진 수와 주어진 수를 10배 한 수의 십만 자리의 숫자를 각각 더하면 얼마인지 구해봅시다.

주어진 수를 10배 한 수의 백만 자리의 숫자는 ☐ 이고 100배 한 수의 백만 자리 숫자는 ☐ 입니다. 그러므로, 두 수를 더하면 ☐ 이 됩니다.

도전! 서술형!

주어진 수를 10배 한 수와 1000배 한 수의 십억의 자리 숫자를 각각 찾아 더하면 얼마인지 구하고 설명해 봅시다.

728341650000

1 주어진 수의 10배 한 수를 표를 이용하여 나타내봅시다.

조	천억	백억	십억	억	천만	백만	십만	만	천	백	십	일

2 주어진 수의 1000배 한 수를 표를 이용하여 나타내봅시다.

백조	십조	조	천억	백억	십억	억	천만	백만	십만	만	천	백	십	일

3 주어진 수를 10배 한 수와 1000배 한 수의 십억의 자리 숫자를 각각 찾아 더하면 얼마인지 구해봅시다.

실전! 서술형!

주어진 수를 100배 한 수와 10000배 한 수의 백조의 자리 숫자를 각각 찾아 더하면 얼마인지 구하고 설명해 봅시다.

8264807060849

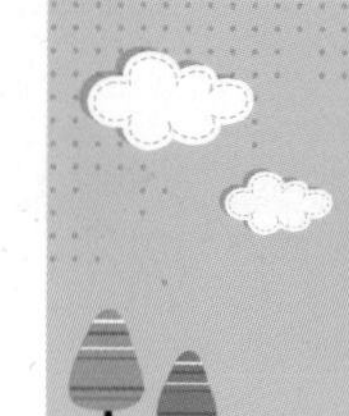

1. 큰 수 (기본개념3)

개념 쏙쏙!

다원이는 어머니와 식탁을 사러 가구시장에 갔습니다. 어느 식탁의 가격이 더 저렴한지 구하고 설명해 봅시다.

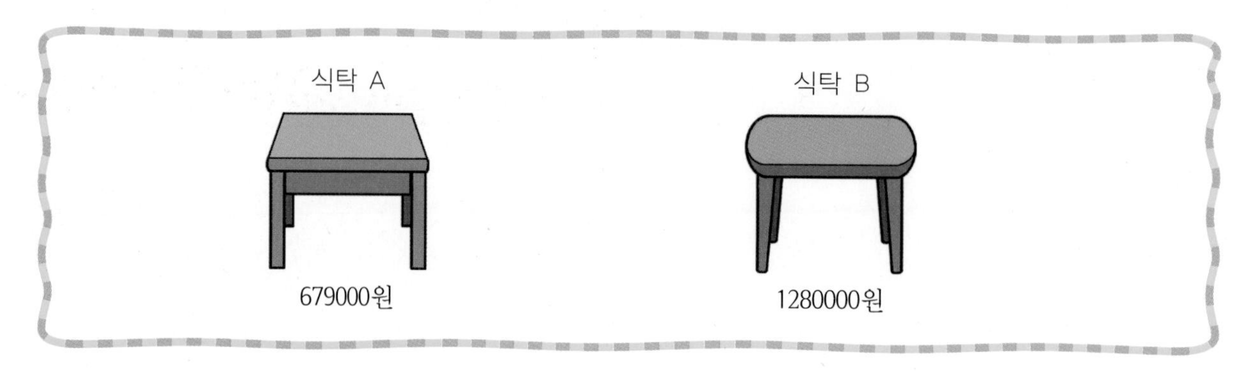

1 두 식탁의 가격은 어떻게 비교할 수 있는지 설명해 봅시다.

두 식탁의 가격을 비교하기 위해서는 먼저 자릿수를 비교합니다.

2 두 식탁의 가격은 각각 몇 자릿수인지 알아봅시다.

구분	식탁 A	식탁 B
자릿수	여섯 자리	일곱 자리

3 자릿수가 다른 두 수의 크기를 비교하는 방법을 설명해 봅시다.

자릿수가 다르면 자릿수가 더 적은 쪽이 더 작은 수입니다.

4 두 식탁의 가격을 비교하여 >, < 기호로 나타내 봅시다.

679000원 ◯ 1280000원

정리해 볼까요?

물건 가격 비교하기

두 식탁의 가격을 비교하기 위해서 자릿수를 비교합니다. 식탁 **A**는 여섯 자리의 수이고 식탁 **B**는 일곱 자리의 수이므로 자릿수가 적은 식탁 **A**가 가격이 저렴합니다.

첫걸음 가볍게!

무혁이는 약국에서 유산균 제품을 사려고 합니다. 어느 유산균 제품의 유산균 함량이 더 높은지 구하고 설명해 봅시다.

1 두 유산균 함량을 어떻게 비교할 수 있는지 설명해 봅시다.

두 유산균 함량을 [   ]하기 위해서는 먼저 [   ]를 비교합니다.

2 두 유산균은 각각 몇 자릿수인지 알아봅시다.

구분	유산균 A	유산균 B
자릿수		

3 자릿수가 다른 두 수의 크기를 비교하는 방법을 설명해 봅시다.

[   ]가 다르면 자릿수가 더 [   ]쪽이 더 [   ]수입니다.

4 유산균 함량을 비교하여 >, < 기호로 나타내 봅시다.

784000000마리 ◯ 1100000000마리

5 어느 유산균의 유산균 함량이 더 높은지 구하고 설명해 봅시다.

두 유산균 함량을 비교하기 위해서 [   ]를 비교합니다. 유산균 A는 [   ]이고 유산균 B는 [   ]이므로 자릿수가 많은 [   ]가 함량이 더 높습니다.

한 걸음 두 걸음!

영재네 가족은 곧 태어날 동생과 영재가 함께 사용할 침대를 사려고 합니다. 어느 침대의 가격이 더 비싼지 구하고 설명해 봅시다.

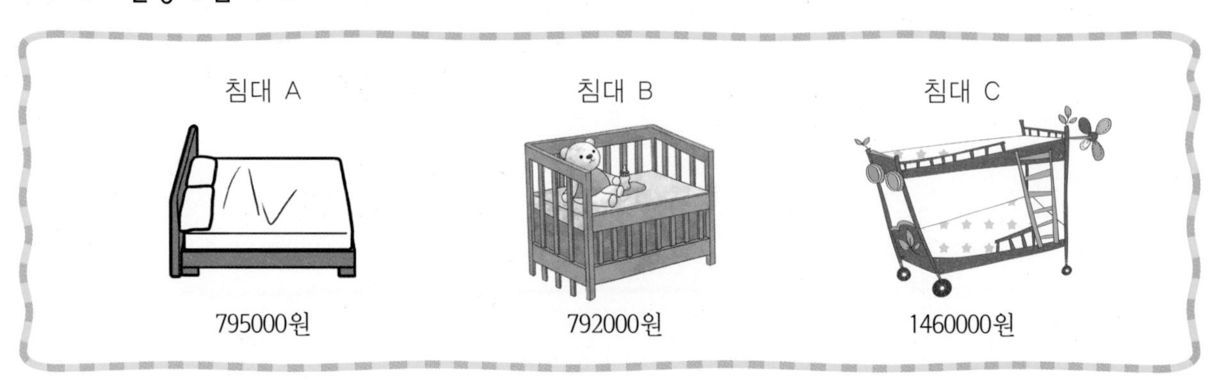

1 세 침대의 가격은 어떻게 비교할 수 있는지 설명해 봅시다.

세 침대의 가격을 비교하기 위해서는 ____________________.

2 세 침대는 각각 몇 자릿수인지 알아봅시다.

구분	침대 A	침대 B	침대 C
자릿수			

3 자릿수가 다른 두 수의 크기를 비교하는 방법을 설명해 봅시다.

자릿수가 같으면 가장 ☐ 자리의 수부터 차례대로 비교하여 숫자가 ☐ 쪽이 더 ☐ 수입니다.

4 어느 침대의 가격이 더 비싼지 구하고 설명해 봅시다.

자릿수가 다른 침대 **C**는 침대 **A**와 침대 **B**보다 ____________________.

자릿수가 같은 침대 **A**와 침대 **B**는 ____________________.

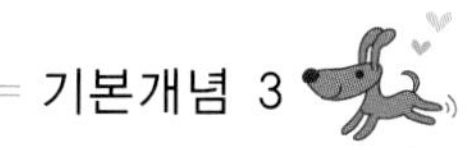

도전! 서술형!

다음은 서울에서 세계의 여러 도시까지 거리를 나타낸 표입니다. 서울과 각 도시 사이의 거리가 가까운 순으로 도시 이름을 쓰고 설명해 봅시다.

세계 도시	베이징	벤쿠버	브라질리아	뉴욕	파리
서울과의 거리(m)	952000	8161000	15282000	11053000	9193000

1 세계의 여러 도시까지의 거리를 어떻게 비교할 수 있는지 설명해 봅시다.

2 세계의 여러 도시까지의 거리는 각각 몇 자릿수인지 알아봅시다.

구분	베이징	벤쿠버	브라질리아	뉴욕	파리
자릿수					

3 자릿수가 다른 두 수의 크기를 비교하는 방법을 설명해 봅시다.

4 자릿수가 같은 두 수의 크기를 비교하는 방법을 설명해 봅시다.

5 서울과 각 도시 사이의 거리가 가까운 순으로 도시 이름을 쓰고 설명해 봅시다.

(　　　　　) - (　　　　　) - (　　　　　) - (　　　　　) - (　　　　　)

실전! 서술형!

다음은 태양과 행성 사이의 거리를 나타낸 표입니다. 태양과 행성 사이의 거리가 가까운 순으로 행성의 이름을 쓰고 설명해 봅시다.

행성	태양과의 거리(km)
해왕성	4497000000
금성	108200000
지구	149600000
천왕성	2900000000
목성	778300000
화성	228000000
토성	1427000000
수성	57910000

( )-( )-( )-( )-( )-( )-( )-( )

Jumping Up! 창의성!

다음 이야기를 읽어 보고 물음에 답해 봅시다.

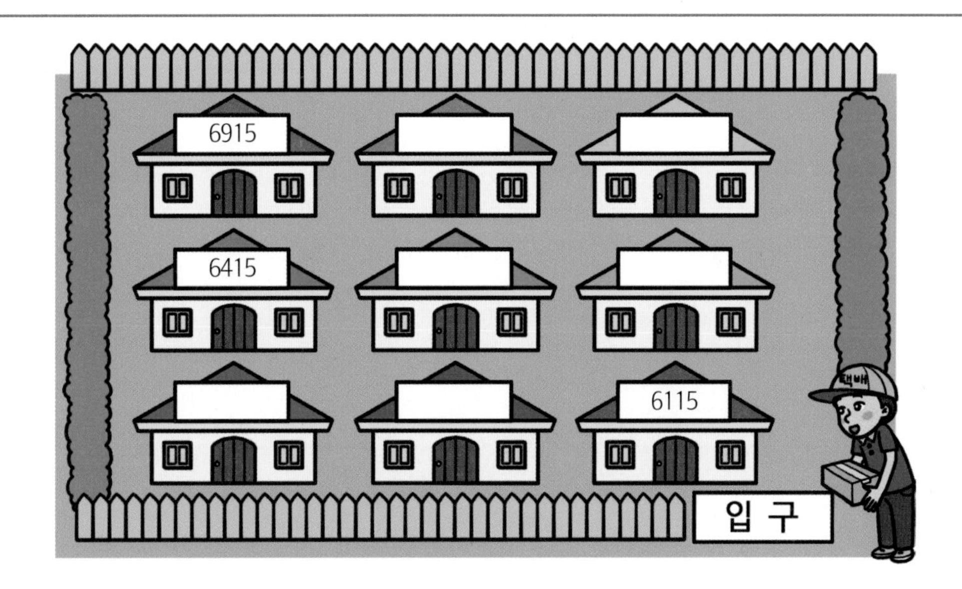

택배아저씨가 6715호에 물건을 배달해야 합니다. 그런데 이 마을의 집들은 일정한 규칙에 의해 뛰어 세기 해야 찾을 수 있습니다. 택배아저씨는 뛰어 세기 하여 물건 배달에 성공할 수 있을까요?

1 마을 입구에 있는 처음 집은 몇 호입니까?

2 6115호와 6415호에서 변한 숫자는 무슨 자리입니까?

3 변한 자리 숫자를 생각하며 수를 뛰어 세기 해 봅시다.

4 6715호를 찾고, 어떤 규칙으로 뛰어 세기를 해야 하는지 설명해 봅시다.

1 돈이 모두 얼마인지 구하고 설명해 봅시다.

1조 원짜리 모형 돈이 627장, 1억 원짜리 모형 돈이 2083장, 1만 원짜리 모형 돈이 9600장 있습니다.

2 다음 주어진 두 수의 크기를 비교하고, 어느 수가 큰 수인지 설명하시오.

5629048254000, 오조 육천이백구십억 사천팔백이십만 사천

3 주어진 수를 10배 한 수와 1000배 한 수의 십억의 자리 숫자를 각각 찾아 더하면 얼마인지 구하고 설명해 봅시다.

1234567654321

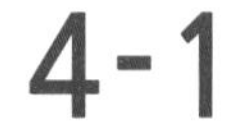

2. 곱셈과 나눗셈

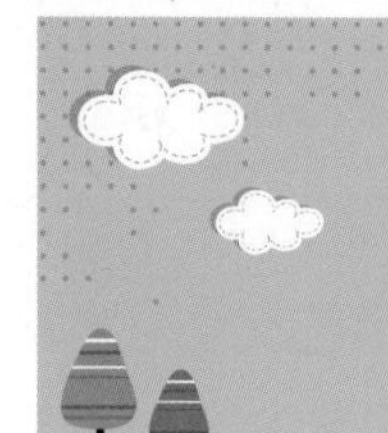

2. 곱셈과 나눗셈(기본개념1)

개념 쏙쏙!

윤정이네 마을에 경로잔치가 열립니다. 윤정이 어머니는 마을 경로잔치에 쓰려고 귤을 사러 왔습니다. 귤이 한 상자에 100개씩 들었을 때 40상자를 샀다면, 윤정이 어머니가 산 귤은 모두 몇 개인지 구하고 설명해 봅시다.

1 배를 이용하여 구하는 방법을 설명해 봅시다.

40은 4의 10배이므로 100의 40배는 100의 4배를 계산한 다음 그 값에 10배를 하면 됩니다. 그러므로 100의 4배는 400이고 400의 10배는 4000입니다.

2 식을 이용하여 구하는 방법을 설명해 봅시다.

$100\times4=400$

$100\times40=4000$

정리해 볼까요?

100 × 40 알아보기

40은 4의 10배이므로 100의 40배는 100의 4배를 계산한 다음 그 값에 10배를 하면 됩니다. 그러므로 100의 4배는 400이고 400의 10배는 4000입니다. 즉, 100×40이므로 4000이 됩니다.

첫걸음 가볍게!

유안이네 학교에서 운동회 선물로 연필을 구입하려고 합니다. 연필은 한 박스에 300자루씩 들어있습니다. 20박스의 연필을 구입한다면 연필은 모두 몇 자루인지 구하고 설명해 봅시다.

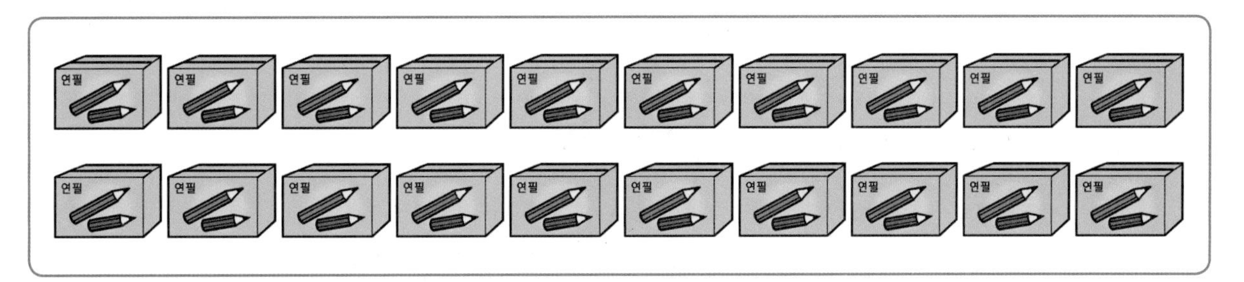

1 배를 이용하여 구하는 방법을 설명해 봅시다.

20은 2의 [ ]배이므로 300의 20배는 300의 [ ]배를 계산한 다음 그 값에 [ ]배를 하면 됩니다. 그러므로 300의 [ ]배는 [ ]이고 600의 [ ]배는 [ ]입니다.

2 식을 이용하여 구하는 방법을 설명해 봅시다.

300 × [ ] = [ ]

300 × [ ] = [ ]

3 연필이 모두 몇 자루인지 구하고 설명해 봅시다.

20은 2의 [ ]배이므로 300의 20배는 300의 2배를 계산한 다음 그 값에 [ ]배를 하면 됩니다. 그러므로 300의 2배는 [ ]이고 [ ]의 10배는 [ ]입니다.

즉, [ ] × [ ]이므로 [ ]이 됩니다.

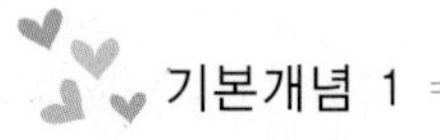

한 걸음 두 걸음!

현철이는 건강한 몸을 만들기 위해 줄넘기를 하고 있습니다. 하루에 500회씩 넘으려고 합니다. 만약 현철이가 40일 동안 줄넘기를 한다면 줄넘기를 모두 몇 회를 넘는지 구하고 설명해 봅시다.

1 배를 이용하여 구하는 방법을 설명해 봅시다.

40은 4의 ____________, ______________________________.

그러므로 ______________________________________.

2 식을 이용하여 구하는 방법을 설명해 봅시다.

3 줄넘기를 모두 몇 회 넘는지 구하고 설명해 봅시다.

40은 ____________ 500의 40배는 ______________________

______________________________________.

그러므로 ______________________________________.

즉, ______________________________________.

도전! 서술형!

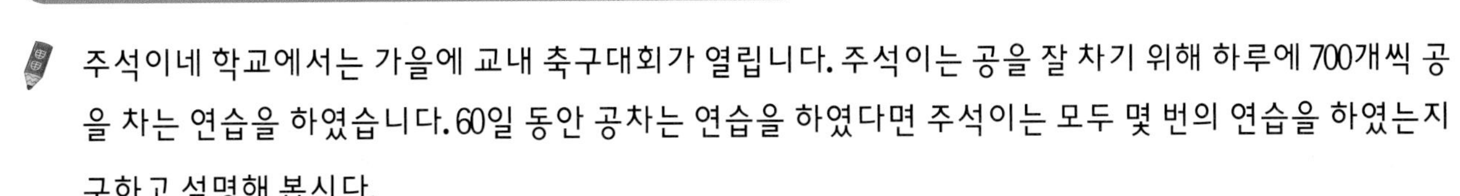

주석이네 학교에서는 가을에 교내 축구대회가 열립니다. 주석이는 공을 잘 차기 위해 하루에 700개씩 공을 차는 연습을 하였습니다. 60일 동안 공차는 연습을 하였다면 주석이는 모두 몇 번의 연습을 하였는지 구하고 설명해 봅시다.

1 배를 이용하여 구하는 방법을 설명해 봅시다.

2 식을 이용하여 구하는 방법을 설명해 봅시다.

3 모두 몇 번의 연습을 하였는지 구하고 설명해 봅시다.

실전! 서술형!

공장에서 자동차를 하루에 900대씩 생산합니다. 50일 동안 이 공장에서 생산하는 자동차는 모두 몇 대인지 구하고 설명해 봅시다.

2. 곱셈과 나눗셈(기본개념2)

개념 쏙쏙!

유경이가 놀이터에서 친구와 함께 구슬 놀이를 하고 있습니다. 유경이에게 구슬이 240개가 있을 때, 컵에 구슬을 20개씩 담는 놀이를 한다면 컵이 모두 몇 개 필요한지 구하고 설명해 봅시다.

1 표를 이용하여 구하여 봅시다.

컵 수	1	2	3	4	5	6	7	8	9	10	11	12
구슬 수	20	40	60	80								

구슬의 수가 240개가 될 때의 컵의 수는 12개입니다.

2 $24 \div 2$의 계산결과를 이용하여 해결해 봅시다.

24를 2씩 묶으면 12묶음입니다. 즉, $24 \div 2$의 몫은 12이므로 $240 \div 20$의 몫은 12입니다.

3 곱셈을 이용하여 해결해 봅시다.

$20 \times 10 = 200$
$20 \times 11 = 220$
$20 \times 12 = 240$
$20 \times 13 = 260$

$$20\overline{)\,2\ 4\ 0\,}\quad \text{몫: }\square,\ \square,\ \text{나머지: }\square$$

검산 $20 \times 12 = 240$

정리해 볼까요?

$240 \div 20$ 알아보기

24를 2씩 묶으면 12묶음입니다. 즉. $24 \div 2$의 몫은 12이므로 $240 \div 20$의 몫은 12입니다. 그러므로 구슬을 담는데 12개의 컵이 필요합니다.

첫걸음 가볍게!

기웅이는 학교 도서관에서 동화책을 빌렸습니다. 390쪽인 동화책을 하루에 30쪽씩 읽으면 며칠 안에 모두 읽을 수 있는지 구하고 설명해 봅시다.

1 표를 이용하여 구하여 봅시다.

일	1	2	3	4	5	6	7	8	9	10	11	12	13
읽은 쪽 수													

읽은 쪽 수가 390쪽이 될 때까지 ☐일이 걸립니다.

2 $39 \div 3$의 계산결과를 이용하여 해결해 봅시다.

39를 3씩 묶으면 ☐묶음입니다. 즉, $39 \div 3$의 몫은 ☐이므로 ☐ ÷ ☐의 몫은 ☐입니다.

3 곱셈을 이용하여 해결해 봅시다.

$30 \times 11 = 330$

$30 \times 12 = 360$

$\underline{30 \times 13 = 390}$

$30 \times 14 = 420$

$$30 \overline{)\,3\ 9\ 0}$$

검산 ☐ × ☐ = ☐

4 동화책을 며칠 안에 모두 읽을 수 있는지 구하고 설명해 봅시다.

39를 3씩 묶으면 ☐묶음입니다. 즉, $39 \div 3$의 몫은 ☐이므로 ☐ ÷ ☐의 몫은 ☐입니다. 그러므로 동화책을 읽는 데 ☐일이 걸립니다.

한 걸음 두 걸음!

용락이는 친구와 함께 리본 꽃을 배우고 있습니다. 리본 꽃 1개를 만드는 데 리본이 20cm가 필요하다고 합니다. 용락이에게 리본이 72cm 있을 때, 몇 개의 꽃을 만들 수 있고 남는 리본의 길이는 얼마인지 설명해 봅시다.

1 표를 이용하여 구하여 봅시다.

꽃	1	2	3	4	5
필요한 리본					

____

2 곱셈을 이용하여 해결해 봅시다.

$20 \times 1 = 20$

$20 \times 2 = 40$

$\underline{20 \times 3 = 60}$

$20 \times 4 = 80$

$$\begin{array}{r} \square \\ 20 \overline{)\, 7\ 2} \\ \underline{\square} \\ \square \end{array}$$

검산

3 몇 개의 리본 꽃을 만들 수 있는지 구하고 설명해 봅시다.

72를 20씩 묶으면 ______________________________.

그리고, 남는 리본은 ______________________________.

그러므로, ______________________________.

도전! 서술형!

지형이는 친구들에게 사탕을 선물하고 싶어 사탕 가게에서 사탕 100개를 샀습니다. 한 봉지에 16개씩 담아서 포장하려고 합니다. 사탕 100개는 몇 봉지에 담을 수 있고 남는 사탕은 몇 개인지 구하고 설명해 봅시다.

1 표를 이용하여 구하여 봅시다.

2 곱셈을 이용하여 해결해 봅시다.

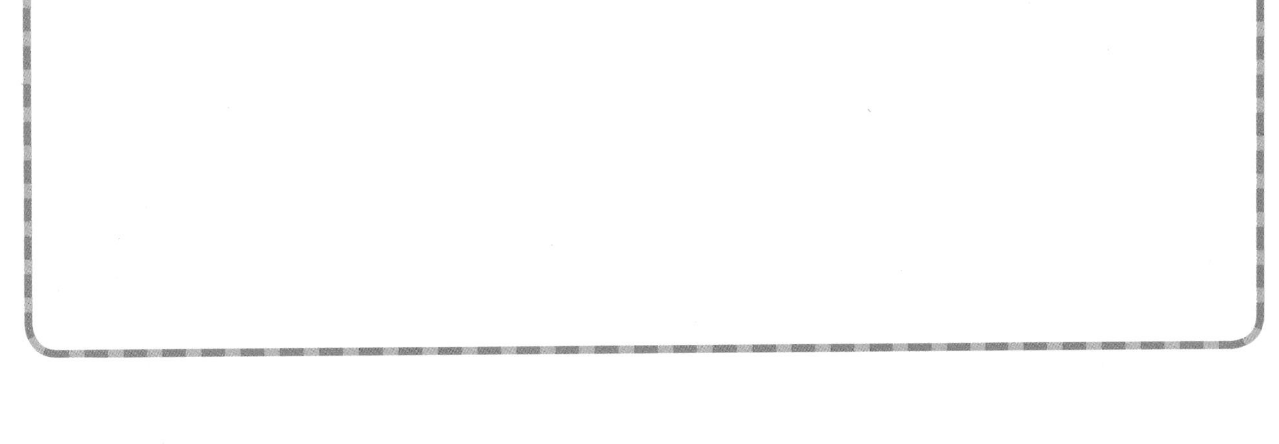

3 사탕을 몇 봉지에 담을 수 있고 남는 사탕은 몇 개인지 구하고 설명해 봅시다.

실전! 서술형!

승훈이는 연필 82자루를 15명의 학생들에게 똑같이 나누어 주려고 하였더니 몇 자루가 모자랐습니다. 연필을 남김없이 똑같이 나누어 주려면 최소한 몇 자루가 더 필요한지 구하고 설명해 봅시다.

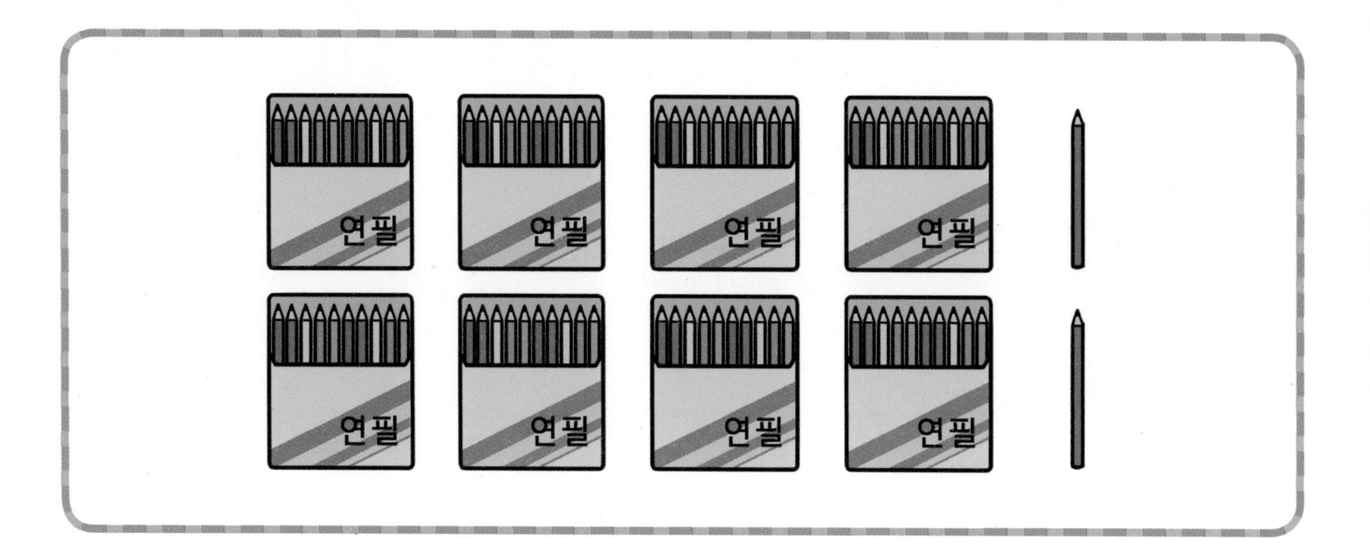

2. 곱셈과 나눗셈(오류유형)

개념 쏙쏙!

경식이가 (두 자리 수)÷(두 자리 수)의 계산을 하다가 선생님과 나눈 대화입니다. 빈 칸에 알맞은 말을 쓰고, 바르게 계산해 봅시다.

```
     4
14)4 7
   5 6
```

경 식 : 어? 선생님, 47에서 56을 뺄 수가 없어요.

선생님 : 56은 어떤 계산의 결과일까?

경 식 : 14와 4를 곱한 것입니다.

선생님 : 그럼 어떻게 해야 할까?

경 식 : ☐

선생님 : 그래, 바로 그거야.

1 빈 칸에 알맞은 말을 넣어봅시다.

14에 4보다 1작은 3을 곱해서 뺍니다.

2 주어진 식을 바르게 계산해 봅시다.

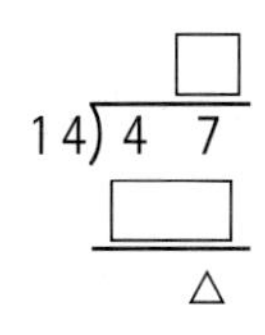

정리해 볼까요?

나눗셈 오류유형

(나누는 수) × (몫)은 (나누어지는 수)보다 작거나 같아야 합니다.

첫걸음 가볍게!

56에 어떤 수□를 곱하고 12로 나누어야 하는데 잘못하여 56을 어떤 수□로 나누고 12를 곱하였더니 96이 되었습니다. 바르게 계산하였을 때 몫과 나머지를 구하고 설명해 봅시다.

1 12를 곱하기 전의 수는 얼마입니까?

12를 곱하기 전의 수는 56 ÷ □로 96을 [　] 로 나누면 됩니다.

즉, 56 ÷ □는 96 ÷ [　] 이므로 [　] 이 됩니다.

2 어떤 수□는 얼마입니까?

56 ÷ □ = [　] 이므로, 56 ÷ [　] = □가 됩니다.

그러므로 □에 들어갈 수는 [　] 입니다.

3 바르게 계산하였을 때 몫과 나머지를 구해봅시다.

한 걸음 두 걸음!

지민이는 (세 자리 수)÷(두 자리 수) 나눗셈 숙제를 다 풀었습니다. 그런데 동생이 지민이가 없는 사이에 공책에 낙서를 해버렸습니다. 지민이가 숙제를 완성할 수 있도록 동생이 지워버린 숫자 2개가 무엇인지 구해보고 설명해 봅시다.

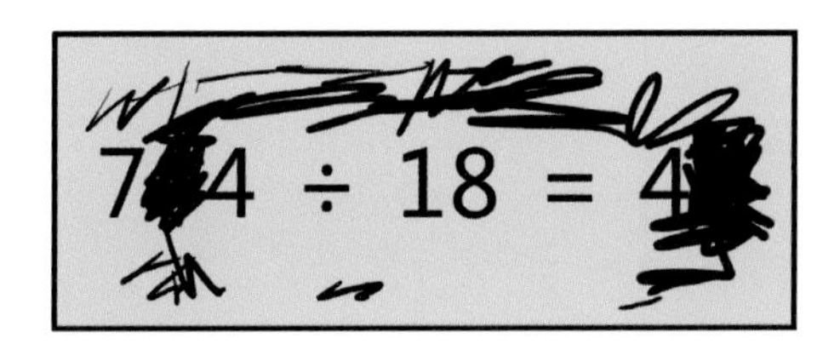

1 지워진 숫자를 각각 □와 △라고 하고 주어진 나눗셈식으로 나타내고, 이를 검산식으로 써봅시다.

2 8에 어떤 수를 곱해서 일의 자리 수가 4가 되는 경우를 모두 생각해 봅시다.

3 각각의 경우를 모두 따져보고 답을 구해봅시다.

오류유형

도전! 서술형!

203÷40을 다음과 같이 계산하였습니다. 잘못된 곳을 찾아 바르게 고쳐 계산하고, 그 이유를 써봅시다.

$$\begin{array}{r} 50 \\ 40\overline{)203} \\ \underline{200} \\ 3 \end{array}$$

→

실전! 서술형!

지현이와 승훈이가 (세 자리 수) ÷ (두 자리 수) 나눗셈을 하였습니다. 잘못된 부분을 찾아 각각 바르게 고쳐봅시다.

지현의 계산

452 ÷ 25의 계산

$$\begin{array}{r} 17 \\ 25\overline{)452} \\ 25 \\ \hline 202 \\ 175 \\ \hline 27 \end{array}$$

몫 : 17, 나머지 : 27

승훈의 계산

809 ÷ 37의 계산

$$\begin{array}{r} 210 \\ 37\overline{)809} \\ 74 \\ \hline 69 \\ 37 \\ \hline 32 \end{array}$$

몫 : 210, 나머지 : 32

지현

____

____

____

____

승훈

____

____

____

____

윤서는 500원짜리 동전을 80개 모았습니다. 윤서가 모은 돈은 모두 얼마인지 구하고 설명해 봅시다.

다음 두 식의 계산 결과가 같도록 □ 안에 알맞은 수를 써봅시다.

$$400 \times \square = 24000$$

$$\square \times 30 = 24000$$

100÷12를 다음과 같이 계산하였습니다. 잘못된 곳을 찾아 바르게 고쳐 계산하고, 그 이유를 써 봅시다.

$$\begin{array}{r} 7 \\ 12\overline{)\,1\ 0\ 0} \\ 8\ 4 \\ \hline 1\ 6 \end{array}$$

→ □

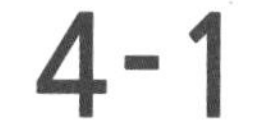

3. 각도와 삼각형

3. 각도와 삼각형(기본개념 1)

개념 쏙쏙!

각의 크기를 각도기로 재어보고 방법을 설명하시오.

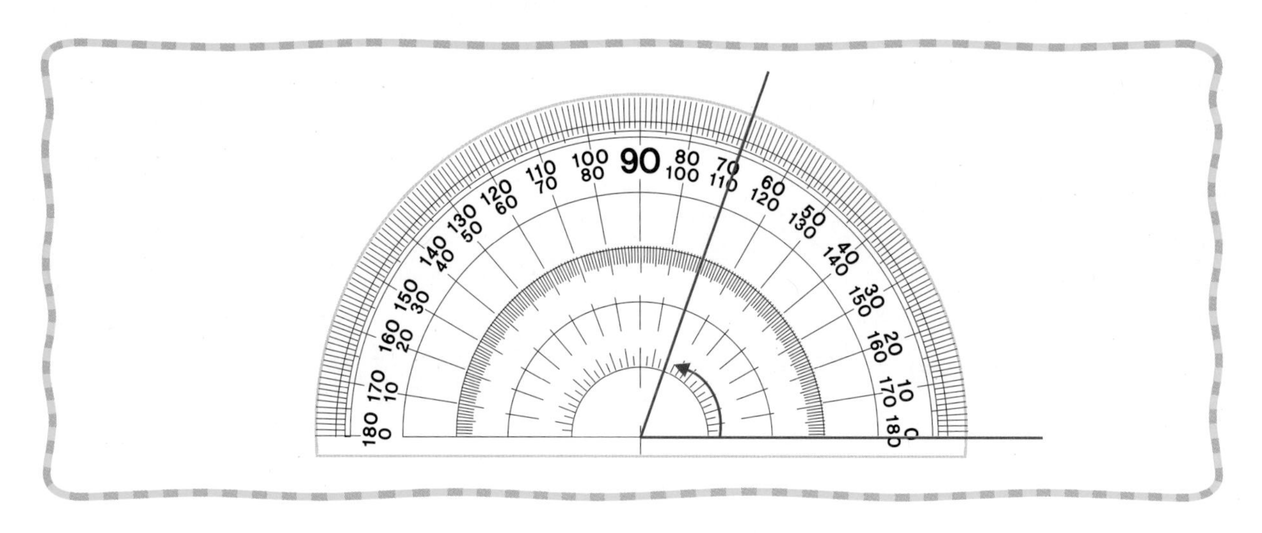

1 각의 크기를 무엇이라고 합니까? 각도

2 위의 그림에서 각의 크기는 90°보다 (큽니다, 작습니다).

3 각도기의 중심을 각의 꼭짓점에 맞추고 각도기의 밑금을 각의 한 변에 맞춘 뒤 밑금의 0° 부터 올라가서 (안쪽, 바깥쪽) 눈금을 읽습니다.

4 110°와 70° 중의 어떤 것을 읽어야 할까요? 70°

5 위의 그림에서 각의 크기는 70°입니다.

정리해 볼까요?

각의 크기를 각도기로 재고 읽기

각도기를 사용하여 각의 크기를 잴 때에는 각도기의 중심을 각의 꼭짓점에 맞추고 각도기의 밑금을 각의 한 변에 맞춘 뒤 밑금의 0°부터 올라가서 각의 나머지 변과 만나는 각도기의 바깥쪽 눈금을 읽으면 70°입니다.

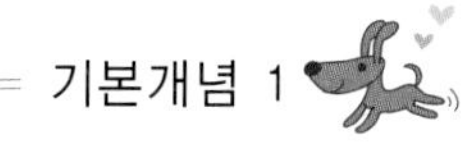

첫걸음 가볍게!

각의 크기를 각도기로 재어보고 방법을 설명하시오.

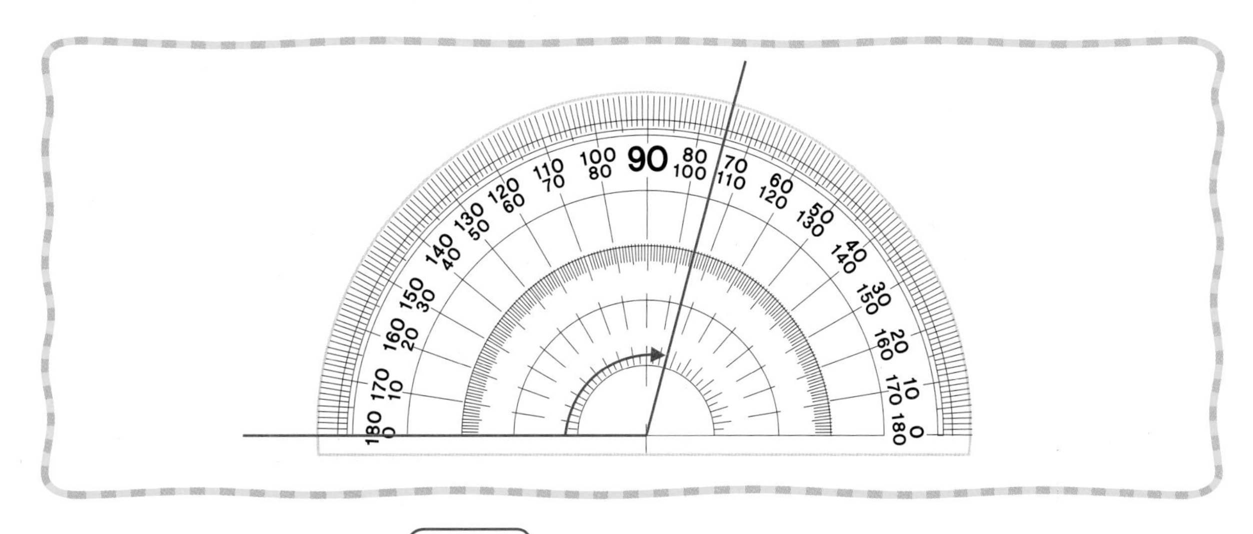

1 각의 크기를 무엇이라고 합니까? [ ]

2 위의 그림에서 각의 크기는 90°보다 [ ].

3 각도기의 [ ]을 각의 [ ]에 맞추고 각도기의 [ ]을 각의 [ ]부터 올라가서 [ ] 눈금을 읽습니다.

4 105°와 75° 중의 어떤 것을 읽어야 할까요? [ ]

5 위의 그림에서 각의 크기는 [ ]입니다.

6 위의 그림에서 각의 크기를 각도기로 재어보고 방법을 설명하여 봅시다.

각도기를 사용하여 각의 크기를 잴 때에는 각도기의 [ ]을 각의 [ ]에 맞추고 각도기의 [ ]을 각의 [ ]부터 올라가서 각의 나머지 변과 만나는 각도기의 [ ] 눈금을 읽으면 [ ]입니다.

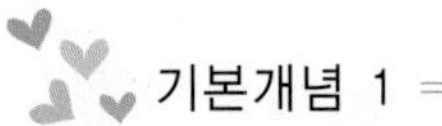

기본개념 1

한 걸음 두 걸음!

선우는 종이비행기를 만들려고 종이 위쪽을 다음과 같이 안쪽으로 접었습니다. 접은 안쪽 각의 크기를 각도기로 재어보고 방법을 설명하시오.

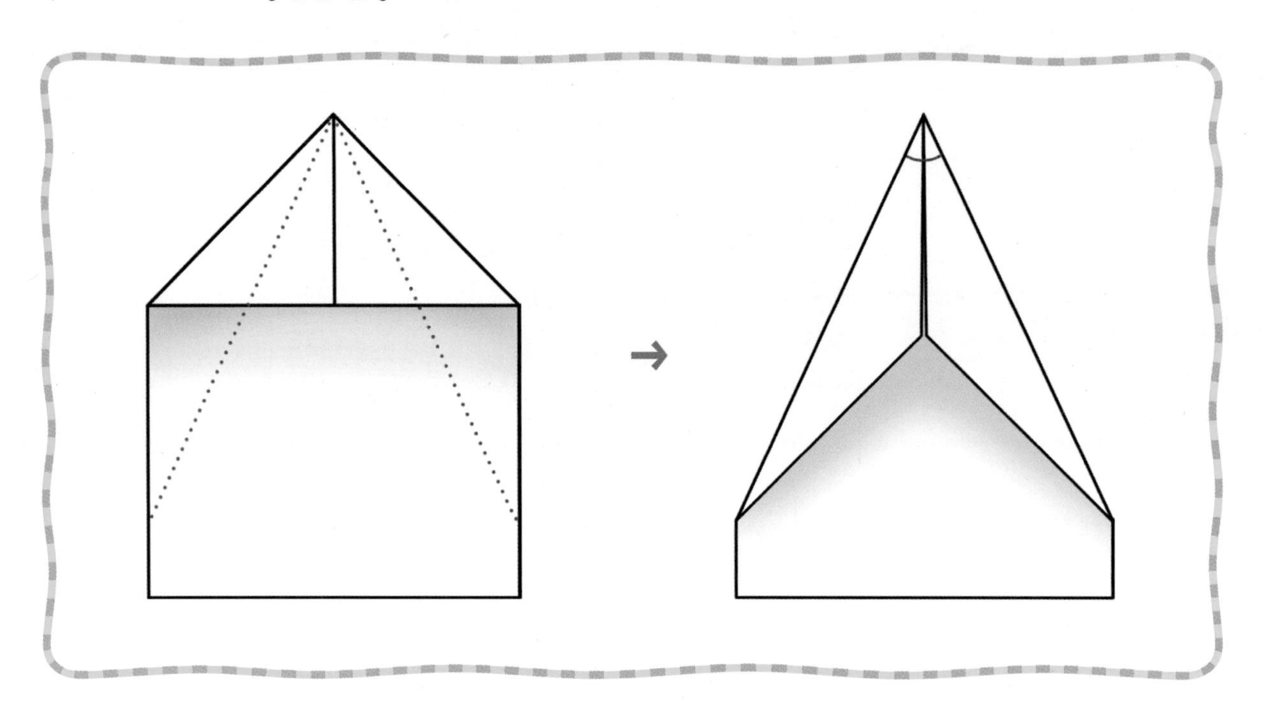

1 위의 그림에서 각의 크기는 90°보다 ______________________.

2 위의 그림에서 각의 크기를 각도기로 재어보고 방법을 설명하여 봅시다.

각도기를 사용하여 각의 크기를 잴 때에는 ____

____

____________________________ 각도기의 눈금을 읽으면 됩니다.

각의 크기는 __________ 입니다.

도전! 서술형!

민영이는 가족과 여행을 갔다가 오후 8시에 집으로 돌아왔습니다. 민영이가 집으로 돌아왔을 때 긴 바늘과 짧은 바늘이 이루는 각의 크기를 각도기로 재어보고 방법을 설명하시오.

1 구하려고 하는 것은 무엇입니까?

2 각도기로 재어보고 방법을 설명하여 봅시다.

실전! 서술형!

다음 <보기>에서 ㉠의 각의 크기를 각도기로 재어보고 방법을 설명하시오.

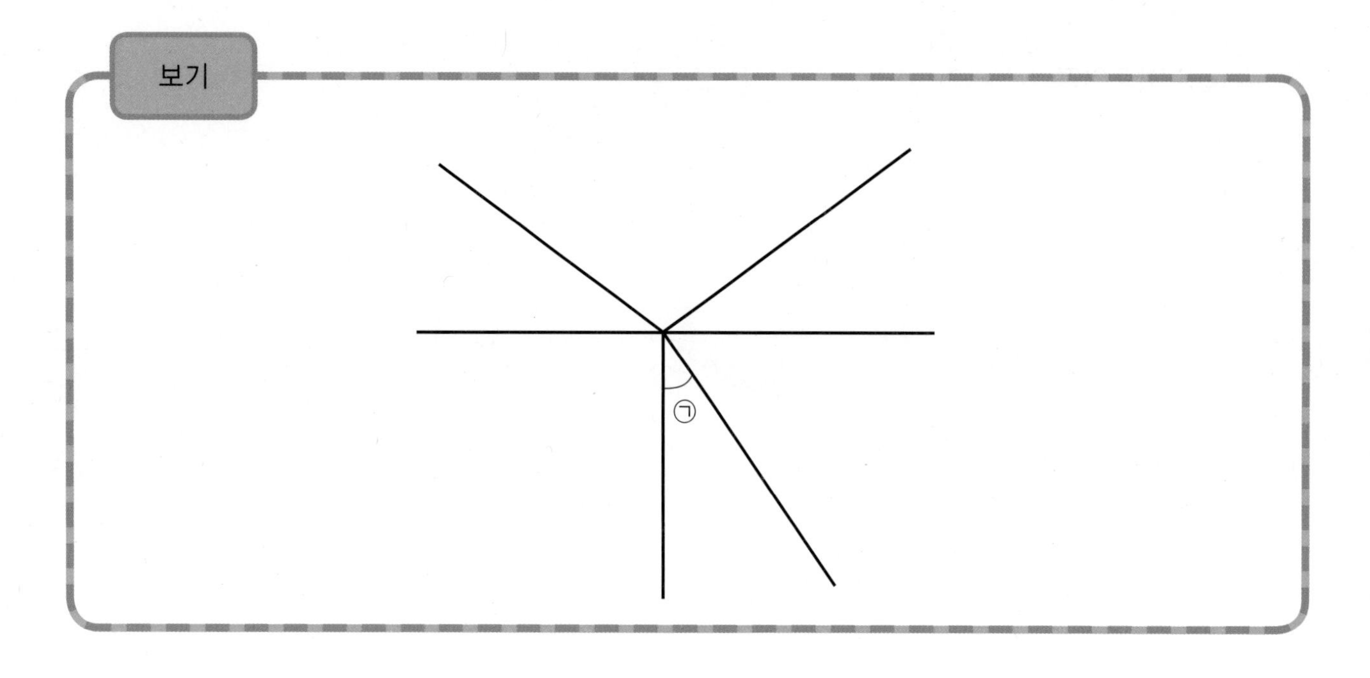

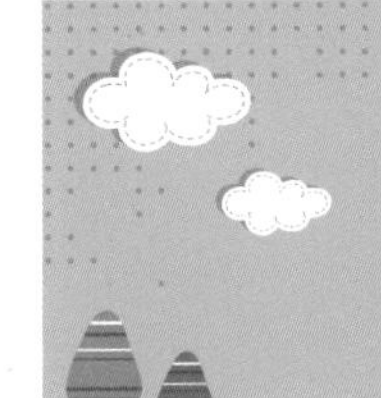

3. 각도와 삼각형(기본개념 2)

개념 쏙쏙!

각 ㉡은 몇 도인지 구하고 방법을 설명하시오.

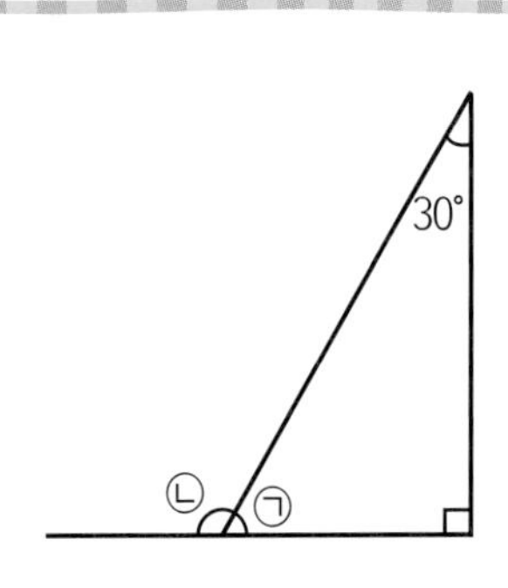

1 각 ㉠의 크기를 알아봅시다.

① 삼각형 세 각의 합은 얼마인가요? 180°

② 각 ㉠의 크기를 식으로 구해봅시다.

㉠ = 180° − 30° − 90° = 60°

2 각 ㉡의 크기를 알아봅시다.

① 각 ㉠과 각 ㉡의 합은 얼마인가요?

곧은선이 되었을 때의 각도는 180°이므로 ㉠ + ㉡ = 180°입니다.

② 각 ㉡의 크기를 식으로 구해봅시다.

㉡ = 180° − 60° = 120°

정리해 볼까요?

도형 밖에 있는 각도 구하기

- 삼각형 세 각의 합은 180°이므로 삼각형의 나머지 한 각인 ㉠ = 180° − 30° − 90° = 60°입니다.
- 곧은선이 되었을 때의 각도는 180°이므로 ㉡ = 180° − ㉠ = 180° − 60° = 120°입니다.

첫걸음 가볍게!

각 ㉡은 몇 도인지 구하고 방법을 설명하시오.

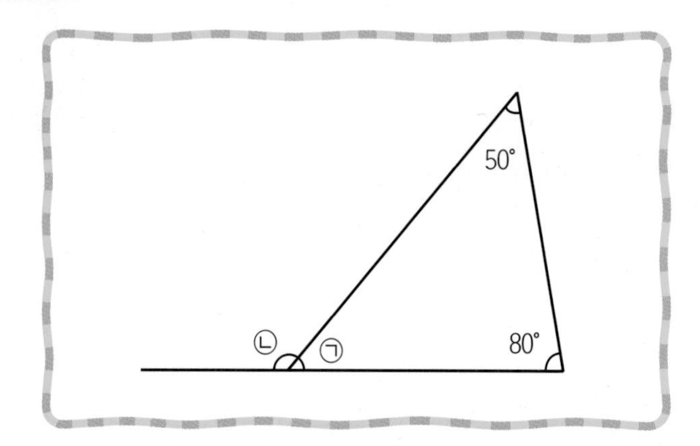

1 ㉠의 크기를 알아봅시다.

① 삼각형 세 각의 합은 얼마인가요? ☐

② 각 ㉠의 크기를 식으로 구해봅시다.

㉠ = ☐

2 ㉡의 크기를 알아봅시다.

① 각 ㉠과 각 ㉡의 합은 얼마인가요?

☐ 이 되었을 때의 각도는 ☐ 이므로 ㉠ + ㉡ = ☐ 입니다.

② 각 ㉡의 크기를 식으로 구해봅시다.

㉡ = ☐

3 각 ㉡을 구하고 방법을 설명하여 봅시다.

☐ 세 각의 합은 ☐ 이므로 ☐ 의 나머지 한 각인

㉠ = ☐ 입니다.

☐ 이 되었을 때의 각도는 ☐ 이므로 ㉡ = ☐ 입니다.

한 걸음 두 걸음!

각 ㉡은 몇 도인지 구하고 방법을 설명하시오.

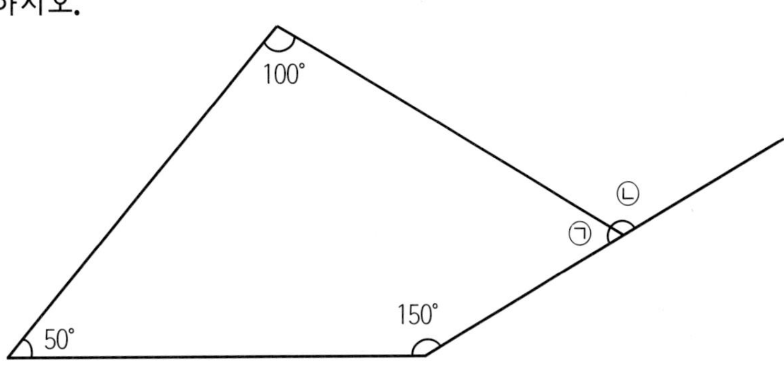

1 각 ㉠의 크기를 알아봅시다.

① 사각형 네 각의 합은 얼마인가요? ____________

② 각 ㉠의 크기를 식으로 구해봅시다.

____

2 각 ㉡의 크기를 알아봅시다.

① 각 ㉠과 각 ㉡의 합은 얼마인가요?

______________________________ 이므로 ㉠+㉡=______입니다.

② 각 ㉡의 크기를 식으로 구해봅시다.

____

3 각 ㉡을 구하고 방법을 설명하여 봅시다.

______________________ 이므로 __________ 의 나머지 한 각인

㉠= ______________________________ 입니다.

____ 이므로

㉡= ______________________________ 입니다.

도전! 서술형!

각 ㉢은 몇 도인지 구하고 방법을 설명하시오.

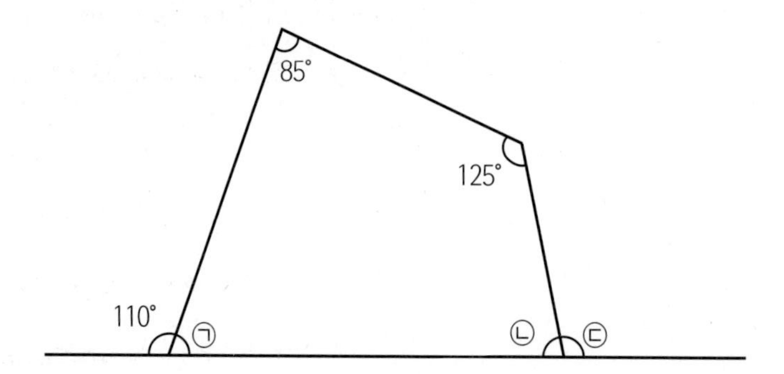

1 각 ㉠을 구하는 방법을 설명하여 봅시다.

2 각 ㉡을 구하는 방법을 설명하여 봅시다.

3 각 ㉢을 구하고 방법을 설명하시오.

실전! 서술형!

각 ㉢은 몇 도인지 구하고 방법을 설명하시오.

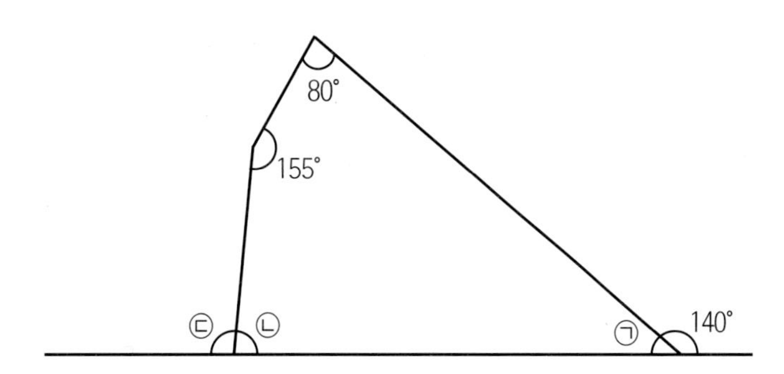

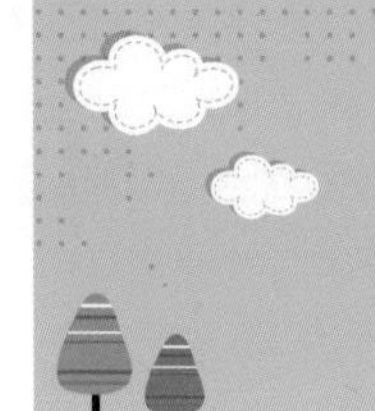

3. 각도와 삼각형(기본개념 3)

개념 쏙쏙!

다음은 세 변의 길이의 합이 43cm인 삼각형입니다. 각 ㄴㄱㄷ은 몇 도인지 구하고 방법을 설명하시오.

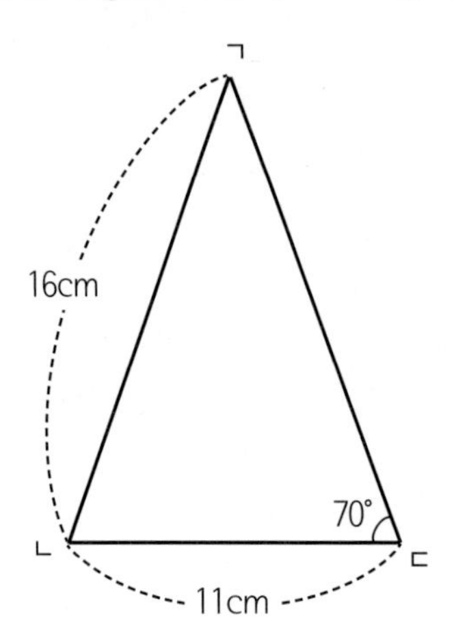

1 변 ㄱㄷ의 길이는 얼마입니까?

43cm − 11cm − 16cm = 16cm

2 삼각형 ㄱㄴㄷ은 두 변의 길이가 같은 이등변삼각형입니다.

3 각 ㄴㄱㄷ은 몇 도인지 알아봅시다.

① 삼각형 ㄱㄴㄷ은 이등변삼각형이므로 각ㄱㄴㄷ과 각ㄴㄷㄱ은 크기가 같습니다.

② 따라서 각ㄱㄴㄷ의 크기는 70°입니다.

③ 삼각형은 세 각의 합이 180°이므로 각 ㄴㄱㄷ의 크기는 180° − 70° − 70° = 40°입니다.

정리해 볼까요?

이등변삼각형의 성질을 이용하여 각의 크기 구하기

- 나머지 변의 길이는 43cm − 11cm − 16cm = 16cm이므로 삼각형 ㄱㄴㄷ은 두 변의 길이가 같은 이등변삼각형입니다.
- 삼각형 ㄱㄴㄷ은 이등변삼각형이므로 각ㄱㄴㄷ과 각ㄴㄷㄱ은 크기가 같습니다.
- 삼각형은 세 각의 합이 180°이므로 각ㄴㄱㄷ의 크기는 180° − 70° − 70°= 40°입니다.

첫걸음 가볍게!

다음은 세 변의 길이의 합이 32cm인 삼각형입니다. 각 ㄴㄱㄷ은 몇 도인지 구하고 방법을 설명하시오.

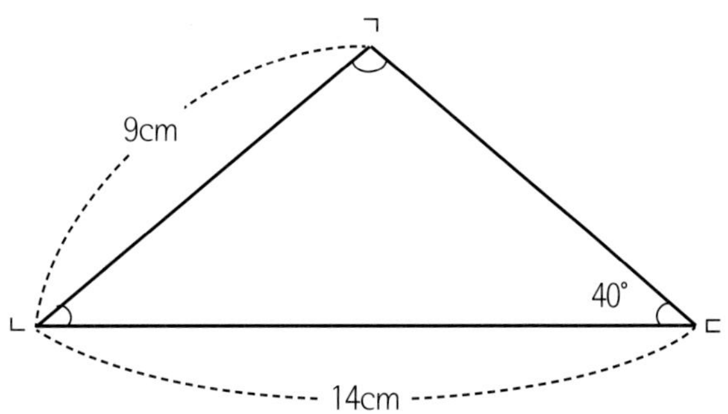

1 변 ㄱㄷ의 길이는 얼마입니까?

32cm − ☐

2 삼각형 ㄱㄴㄷ은 ☐ 삼각형입니다.

3 각 ㄴㄱㄷ은 몇 도인지 알아봅시다.

① 삼각형 ㄱㄴㄷ은 ☐ 삼각형이므로 ☐ 과 ☐ 은 크기가 ☐.

② 따라서 각ㄱㄴㄷ의 크기는 ☐ 입니다.

③ 삼각형은 세 각의 합이 ☐ 이므로 각ㄴㄱㄷ의 크기는 ☐ 입니다.

4 각 ㄴㄱㄷ은 몇 도인지 구하고 방법을 설명하여 봅시다.

나머지 변의 길이는 ☐ 이므로

삼각형 ㄱㄴㄷ은 ☐ 삼각형입니다.

삼각형 ㄱㄴㄷ은 ☐ 삼각형이므로 ☐ 과 ☐ 은 크기가 ☐.

삼각형은 세 각의 합이 ☐ 이므로 각ㄴㄱㄷ의 크기는 ☐ 입니다.

한 걸음 두 걸음!

다음은 세 변의 길이의 합이 34cm인 삼각형입니다.
각 ㄱㄴㄷ은 몇 도인지 구하고 방법을 설명하시오.

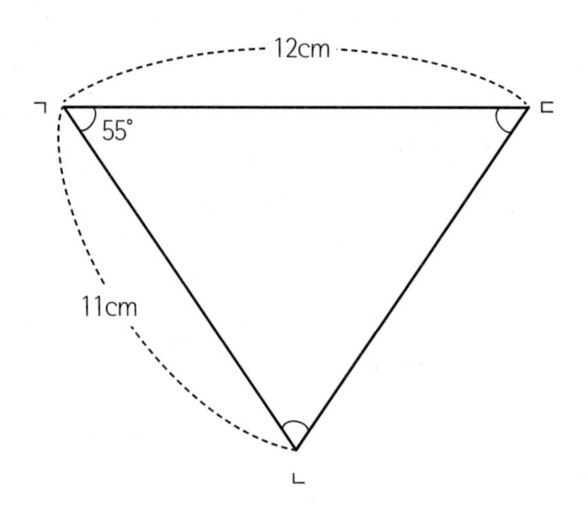

1 변 ㄴㄷ의 길이는 얼마입니까?

____

2 ____________은 ______________________________ 삼각형입니다.

3 각 ㄱㄴㄷ은 몇 도인지 알아봅시다.

① 삼각형 ㄱㄴㄷ은 ____________ 이므로 ______________________________.

② 따라서 각 ㄴㄷㄱ의 크기는 ____________입니다.

③ 삼각형은 세 각의 합이 ______________________________입니다.

4 각 ㄴㄱㄷ은 몇 도인지 구하고 방법을 설명하여 봅시다.

나머지 변의 길이는 [　　　　]이므로

삼각형 ㄱㄴㄷ은 [　　　　]삼각형입니다.

삼각형 ㄱㄴㄷ은 [　　]삼각형이므로 [　　]과 [　　]은 크기가 [　　].

삼각형은 세 각의 합이 [　　]이므로 각ㄱㄴㄷ의 크기는 [　　　　]입니다.

다음은 세 변의 길이의 합이 78cm인 삼각형입니다. 각 ㄴㄷㄱ은 몇 도인지 구하고 방법을 설명하시오.

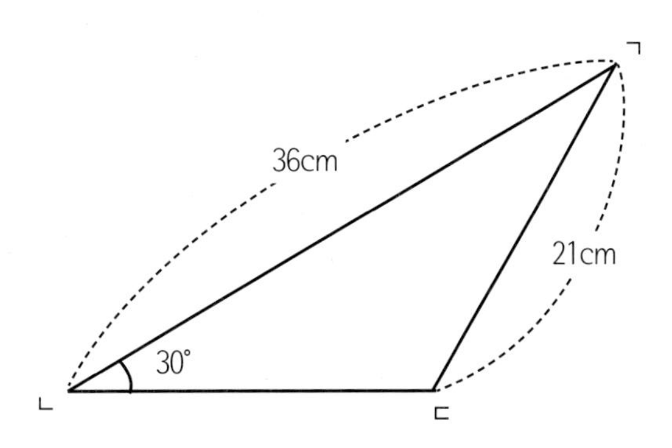

실전! 서술형!

철사 85cm를 가지고 남는 부분 없이 다음과 같은 삼각형을 만들었을 때 각 ㄴㄱㄷ은 몇 도인지 구하고 방법을 설명하시오.

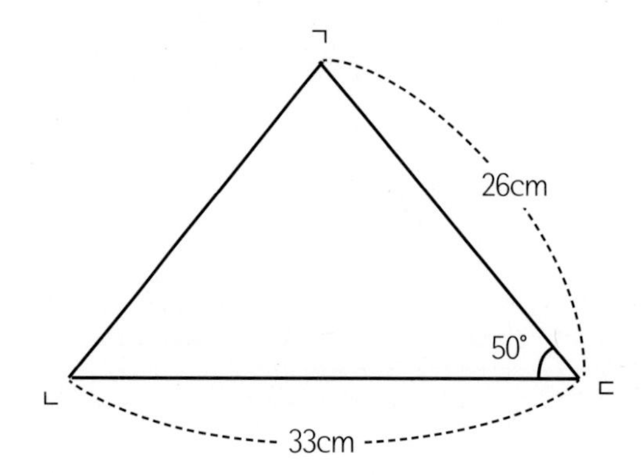

Jumping Up! 창의성!

도형 밖에 있는 각의 크기를 알아보았습니다. 정사각형 색종이를 그림과 같이 접었을 때 ㉠, ㉡, ㉢, ㉣, ㉤의 크기를 구하고 방법을 설명하시오.

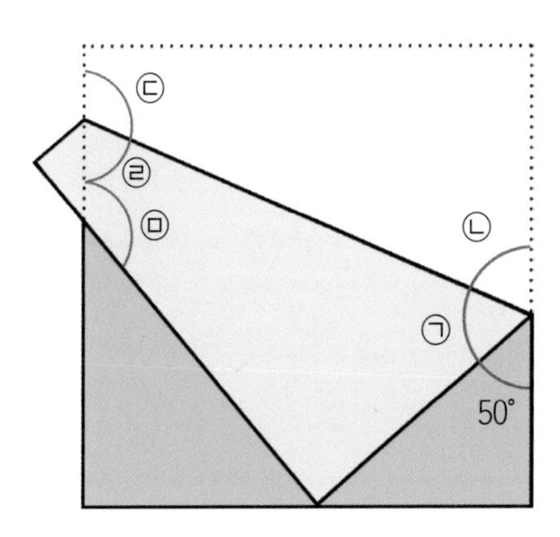

1. 곧은선이 되었을 때의 각도는 ________ 이므로

㉠ + ㉡ + 50° = 180°

㉠ + ㉡ = ________ − ________ = ________

2. 정사각형 색종이를 접었으므로

㉠ = ㉡ = ________ ÷ 2 = ________

3. 사각형 네 각의 합은 ________ 이므로

㉢ = ________ − 90° − 90° − ㉡ = ________ − 90° − 90° − ________ = ________

4. 곧은선이 되었을 때의 각도는 ________ 이므로

㉣ = ________ − ㉢ = ________ − ________ = ________

5. 사각형 네 각의 합은 ________ 이므로

㉤ = ________ − 90° − ㉠ − ㉣ = ________ − 90° − ________ − ________ = ________

나의 실력은?

1 각의 크기를 각도기로 재어보고 방법을 설명하시오.

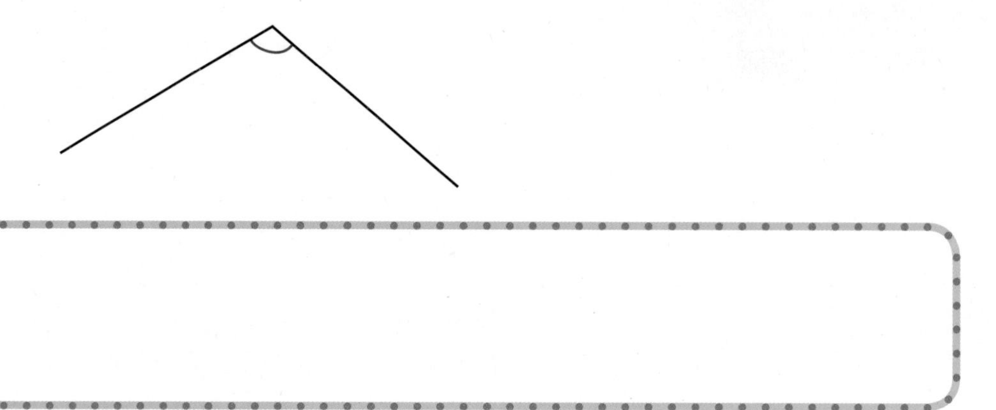

2 각 ㉢은 몇 도인지 구하고 방법을 설명하시오.

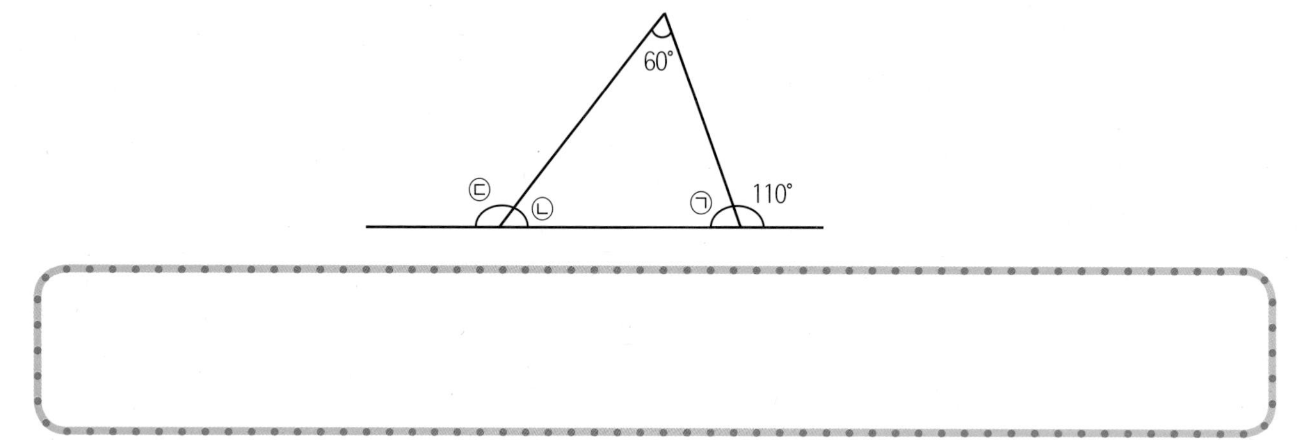

3 다음은 세 변의 길이의 합이 44㎝인 삼각형입니다. 각 ㄴㄱㄷ은 몇 도인지 구하고 방법을 설명하시오.

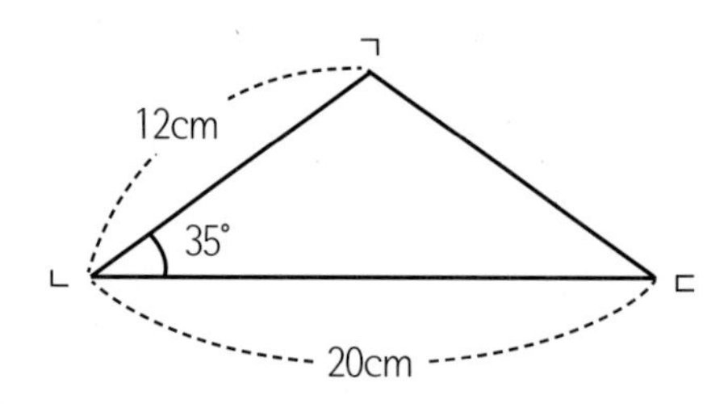

4-1

4. 분수의 덧셈과 뺄셈

4. 분수의 덧셈과 뺄셈(기본개념 1)

개념 쏙쏙!

혜미는 동생과 함께 어제 팬케이크 $2\frac{2}{4}$개를 먹고 오늘은 $1\frac{3}{4}$개를 더 먹었습니다. 혜미와 동생이 먹은 팬케이크의 양은 모두 몇 개인지 여러 가지 방법으로 계산하고 설명하시오.

1 그림으로 나타내어 봅시다.

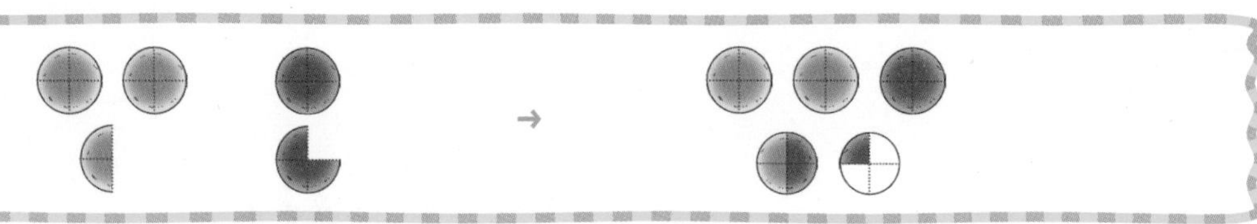

(혜미와 동생이 먹은 팬케이크는 4개와 $\frac{1}{4}$개이므로 $4\frac{1}{4}$개입니다.)

2 자연수와 분수 부분으로 나누어 계산하고 설명하여 봅시다.

$2\frac{2}{4}+1\frac{3}{4}=(\square+\square)+(\frac{\square}{4}+\frac{\square}{4})=\square+\frac{\square}{4}=\square+\square\frac{\square}{4}=\square\frac{\square}{4}$

자연수는 자연수끼리, 분수는 분수끼리 더하면 자연수 부분은 3, 분수 부분은 $\frac{5}{4}$가 됩니다. 그리고 가분수를 대분수로 바꾸어 더하면 $4\frac{1}{4}$개입니다.

3 가분수로 바꾸어 위와 다른 방법으로 계산하고 설명하여 봅시다.

$2\frac{2}{4}+1\frac{3}{4}=\frac{\square}{4}+\frac{\square}{4}=\frac{\square}{4}=\square\frac{\square}{4}$

대분수를 모두 가분수로 바꾸어 분자끼리 더하면 $\frac{1}{4}$이 17개이므로 $\frac{17}{4}$이 됩니다. 그리고 가분수를 대분수로 나타내면 $4\frac{1}{4}$개입니다.

정리해 볼까요?

$2\frac{2}{4}+1\frac{3}{4}$를 계산하는 방법을 설명하기

- $2\frac{2}{4}+1\frac{3}{4}=(2+1)+(\frac{2}{4}+\frac{3}{4})=3+\frac{5}{4}=3+1\frac{1}{4}=4\frac{1}{4}$. 설명: 자연수는 자연수끼리, 분수는 분수끼리 더하면 자연수 부분은 3, 분수 부분은 $\frac{5}{4}$가 되고 가분수를 대분수로 바꾸어 더하면 $4\frac{1}{4}$입니다.
- $2\frac{2}{4}+1\frac{3}{4}=\frac{10}{4}+\frac{7}{4}=\frac{17}{4}=4\frac{1}{4}$. 설명: 대분수를 모두 가분수로 바꾸어 분자끼리 더하면 $\frac{1}{4}$이 17개이므로 $\frac{17}{4}$이 되고 가분수를 대분수로 나타내면 $4\frac{1}{4}$입니다.

첫걸음 가볍게!

아버지와 어머니께서는 건강을 위해 하루에 2 ℓ 씩 물을 마시기로 결심하셨다. 오늘 아버지는 $1\frac{3}{7}$ ℓ 를 마시고 어머니는 $1\frac{6}{7}$ ℓ 를 마셨다. 오늘 부모님이 마신 물의 양은 모두 몇 ℓ 인지 여러 가지 방법으로 계산하고 설명하시오.

1 그림으로 나타내어 봅시다.

(오늘 부모님이 마신 물의 양은 ☐ℓ와 ☐ℓ이므로 ☐ℓ입니다.)

2 자연수와 분수 부분으로 나누어 계산하고 설명하여 봅시다.

$1\frac{3}{7}+1\frac{6}{7}=($ ☐ $)+($ ☐ $)=$ ☐ $+$ ☐

$=$ ☐ $+$ ☐ $=$ ☐

☐ 끼리 ☐ 끼리 더하면 자연수 부분은 ☐, 분수 부분은 ☐ 가 됩니다. 그리고 ☐ 로 바꾸어 더하면 ☐ ℓ 입니다.

3 가분수로 바꾸어 위와 다른 방법으로 계산하고 설명하여 봅시다.

$1\frac{3}{7}+1\frac{6}{7}=$ ☐ $+$ ☐ $=$ ☐ $=$ ☐

☐ 를 모두 ☐ 로 바꾸어 ☐ 끼리 더하면 ☐ 이 ☐ 개이므로 ☐ 이 됩니다. 그리고 ☐ 로 나타내면 ☐ ℓ 입니다.

한 걸음 두 걸음!

은지는 심부름으로 마트에서 귤 $1\frac{5}{6}$kg과 사과 $2\frac{4}{6}$kg을 샀습니다. 은지가 산 과일의 무게는 모두 몇 kg인지 여러 가지 방법으로 계산하고 설명하시오.

1 그림으로 나타내어 봅시다.

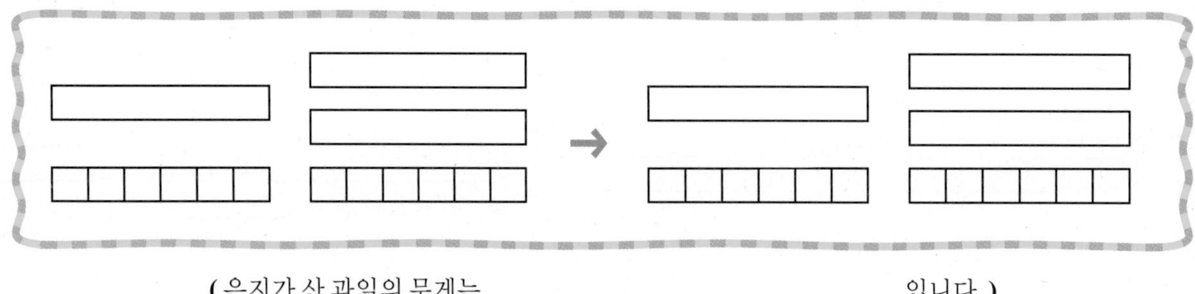

(은지가 산 과일의 무게는 ______________ 입니다.)

2 자연수와 분수 부분으로 나누어 계산하고 설명하여 봅시다.

$1\frac{5}{6}+2\frac{4}{6}=$ ______________

______ 끼리 ______ 끼리 더하면 ______

______ 가 됩니다. 그리고 ______

______ 입니다.

3 가분수로 바꾸어 위와 다른 방법으로 계산하고 설명하여 봅시다.

$1\frac{5}{6}+2\frac{4}{6}=$ ______________

______ 를 모두 ______ 로 바꾸어 ______

______ 이 됩니다. 그리고 ______ 입니다.

도전! 서술형!

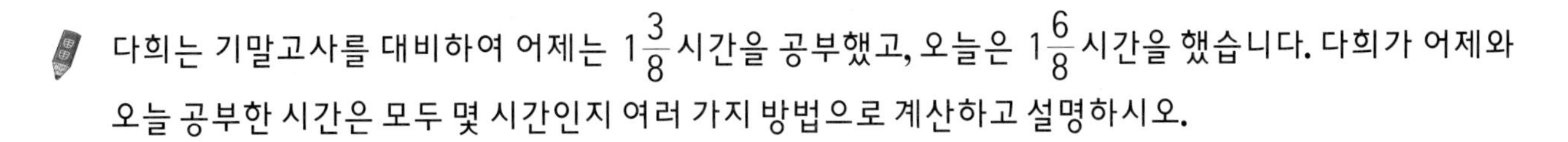

다희는 기말고사를 대비하여 어제는 $1\frac{3}{8}$시간을 공부했고, 오늘은 $1\frac{6}{8}$시간을 했습니다. 다희가 어제와 오늘 공부한 시간은 모두 몇 시간인지 여러 가지 방법으로 계산하고 설명하시오.

1 그림으로 나타내어 봅시다.

2 자연수와 분수 부분으로 나누어 계산하고 설명하여 봅시다.

3 가분수로 바꾸어 위와 다른 방법으로 계산하고 설명하여 봅시다.

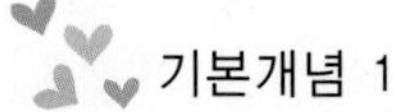

실전! 서술형!

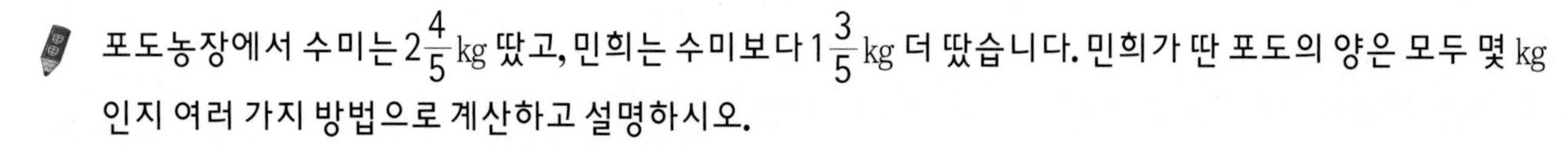

포도농장에서 수미는 $2\frac{4}{5}$ kg 땄고, 민희는 수미보다 $1\frac{3}{5}$ kg 더 땄습니다. 민희가 딴 포도의 양은 모두 몇 kg인지 여러 가지 방법으로 계산하고 설명하시오.

4. 분수의 덧셈과 뺄셈(기본개념 2)

개념 쏙쏙!

소연이는 딸기밭 체험장에서 딸기 $3\frac{1}{4}$kg를 따서 그 중 $1\frac{3}{4}$kg를 이모한테 드렸습니다. 소연이에게 남은 양은 몇 kg인지 여러 가지 방법으로 계산하고 설명하시오.

1 그림으로 나타내어 봅시다.

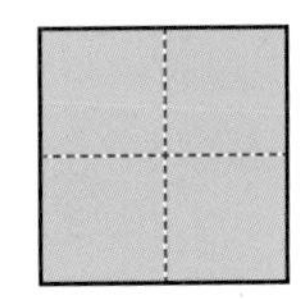 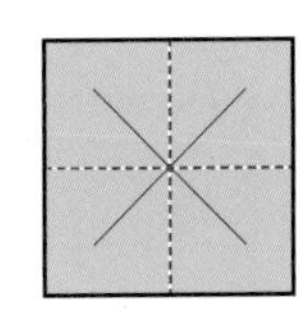 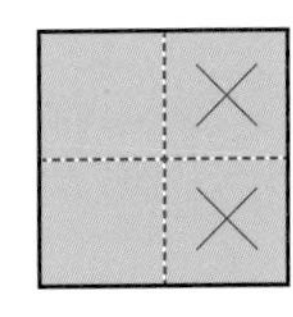 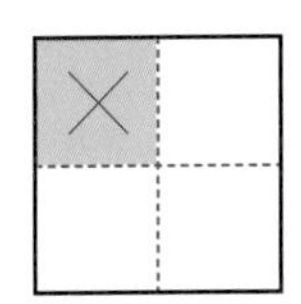

(소연이에게 남은 양은 1kg와 $\frac{2}{4}$kg이므로 $1\frac{2}{4}$kg입니다.)

2 자연수와 분수 부분으로 나누어 계산하고 설명하여 봅시다.

$3\frac{1}{4}-1\frac{3}{4}=2\frac{\square}{4}-1\frac{3}{4}=(\square-\square)+(\frac{\square}{4}-\frac{\square}{4})=\square+\frac{\square}{4}=\square\frac{\square}{4}$

$3\frac{1}{4}$의 자연수에서 1만큼을 가분수로 만들면 $2\frac{5}{4}$가 되어 자연수는 자연수끼리, 분수는 분수끼리 빼면 $1\frac{2}{4}$kg입니다.

3 가분수로 바꾸어 위와 다른 방법으로 계산하고 설명하여 봅시다.

$3\frac{1}{4}-1\frac{3}{4}=\frac{\square}{4}-\frac{\square}{4}=\frac{\square}{4}=\square\frac{\square}{4}$

대분수를 모두 가분수로 바꾸어 분자끼리 빼면 $\frac{1}{4}$이 6개이므로 $\frac{6}{4}$이며 가분수를 대분수로 나타내면 $1\frac{2}{4}$kg입니다.

정리해 볼까요?

$3\frac{1}{4}-1\frac{3}{4}$를 계산하는 방법을 설명하기

- $3\frac{1}{4}-1\frac{3}{4}=2\frac{5}{4}-1\frac{3}{4}=(2-1)+(\frac{5}{4}-\frac{3}{4})=1+\frac{2}{4}=1\frac{2}{4}$. 설명: $3\frac{1}{4}$의 자연수에서 1만큼을 가분수로 만들면 $2\frac{5}{4}$가 되어 자연수는 자연수끼리, 분수는 분수끼리 빼면 $1\frac{2}{4}$입니다.
- $3\frac{1}{4}-1\frac{3}{4}=\frac{13}{4}-\frac{7}{4}=\frac{6}{4}=1\frac{2}{4}$. 설명: 대분수를 모두 가분수로 바꾸어 분자끼리 빼면 $\frac{1}{4}$이 6개이므로 $\frac{6}{4}$이며 가분수를 대분수로 나타내면 $1\frac{2}{4}$입니다.

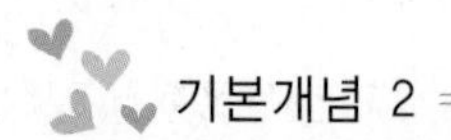

첫걸음 가볍게!

주완이는 초콜릿 $4\frac{3}{5}$개 중에서 $1\frac{4}{5}$개를 먹었습니다. 주완이에게 남은 초콜릿은 몇 개인지 여러 가지 방법으로 계산하고 설명하시오.

1 그림으로 나타내어 봅시다.

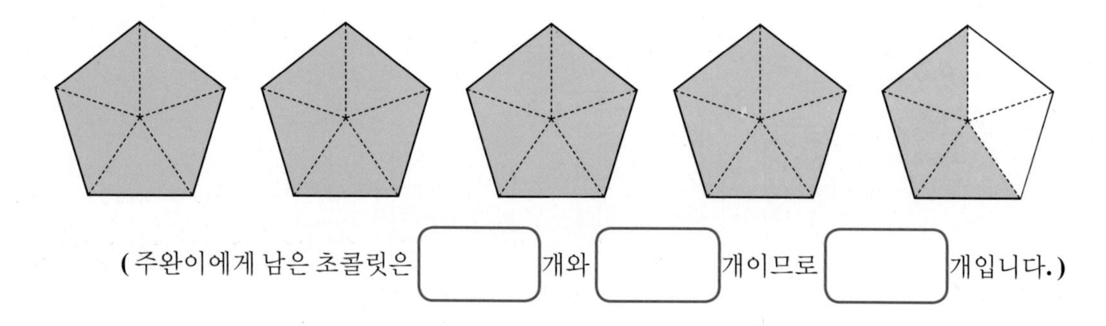

(주완이에게 남은 초콜릿은 ☐개와 ☐개이므로 ☐개입니다.)

2 자연수와 분수 부분으로 나누어 계산하고 설명하여 봅시다.

$4\frac{3}{5}-1\frac{4}{5}=$ ☐ $-$ ☐ $=($ ☐ $)+($ ☐ $)=$ ☐ $+$ ☐ $=$ ☐

$4\frac{3}{5}$의 ☐에서 ☐을 ☐로 만들면 ☐가 되어

☐끼리, ☐끼리 빼면 ☐개입니다.

3 가분수로 바꾸어 위와 다른 방법으로 계산하고 설명하여 봅시다.

$4\frac{3}{5}-1\frac{4}{5}=$ ☐ $-$ ☐ $=$ ☐ $=$ ☐

☐를 모두 ☐로 바꾸어 ☐끼리 빼면 ☐이 ☐이므로

☐이며 ☐로 나타내면 ☐개입니다.

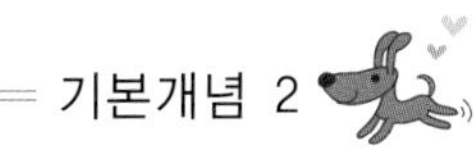

한 걸음 두 걸음!

아버지와 동호는 담장에 페인트를 칠하는데 아버지는 $3\frac{2}{10}$를 칠했고 동호는 아버지보다 $1\frac{4}{10}$을 더 적게 칠했습니다. 동호가 칠한 부분은 얼마인지 여러 가지 방법으로 계산하고 설명하시오.

1 그림으로 나타내어 봅시다.

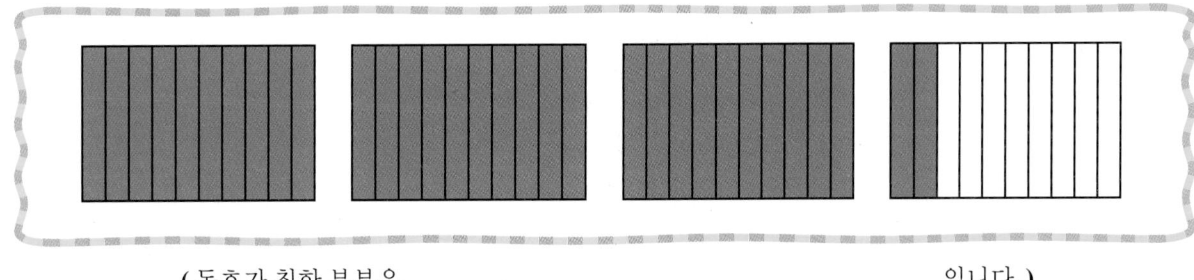

(동호가 칠한 부분은 ______________________ 입니다.)

2 자연수와 분수 부분으로 나누어 계산하고 설명하여 봅시다.

$3\frac{2}{10} - 1\frac{4}{10} =$ ______________________

$3\frac{2}{10}$의 ________ 에서 ________ 을 ________ 로 만들면 ______________________

______________________ 입니다.

3 가분수로 바꾸어 위와 다른 방법으로 계산하고 설명하여 봅시다.

$3\frac{2}{10} - 1\frac{4}{10} =$ ______________________

________ 를 모두 ________ 로 바꾸어 ______________________

________ 이며 ______________________ 입니다.

도전! 서술형!

예은이는 길이가 $3\frac{2}{7}$ m인 포장 끈 중에서 선물을 포장하는 데 $2\frac{6}{7}$ m를 사용하였습니다. 예은이에게 남은 포장 끈의 길이는 몇 m인지 여러 가지 방법으로 계산하고 설명하시오.

1 그림으로 나타내어 봅시다.

2 자연수와 분수 부분으로 나누어 계산하고 설명하여 봅시다.

3 가분수로 바꾸어 위와 다른 방법으로 계산하고 설명하여 봅시다.

실전! 서술형!

수빈이는 $10\frac{1}{5}$ km떨어져 있는 자연휴양림으로 가족체험학습을 가는데 $8\frac{4}{5}$ km는 버스를 타고 남은 거리는 걸어서 가려고 합니다. 이때 수빈이가 걸어간 거리는 몇 km인지 여러 가지 방법으로 계산하고 설명하시오.

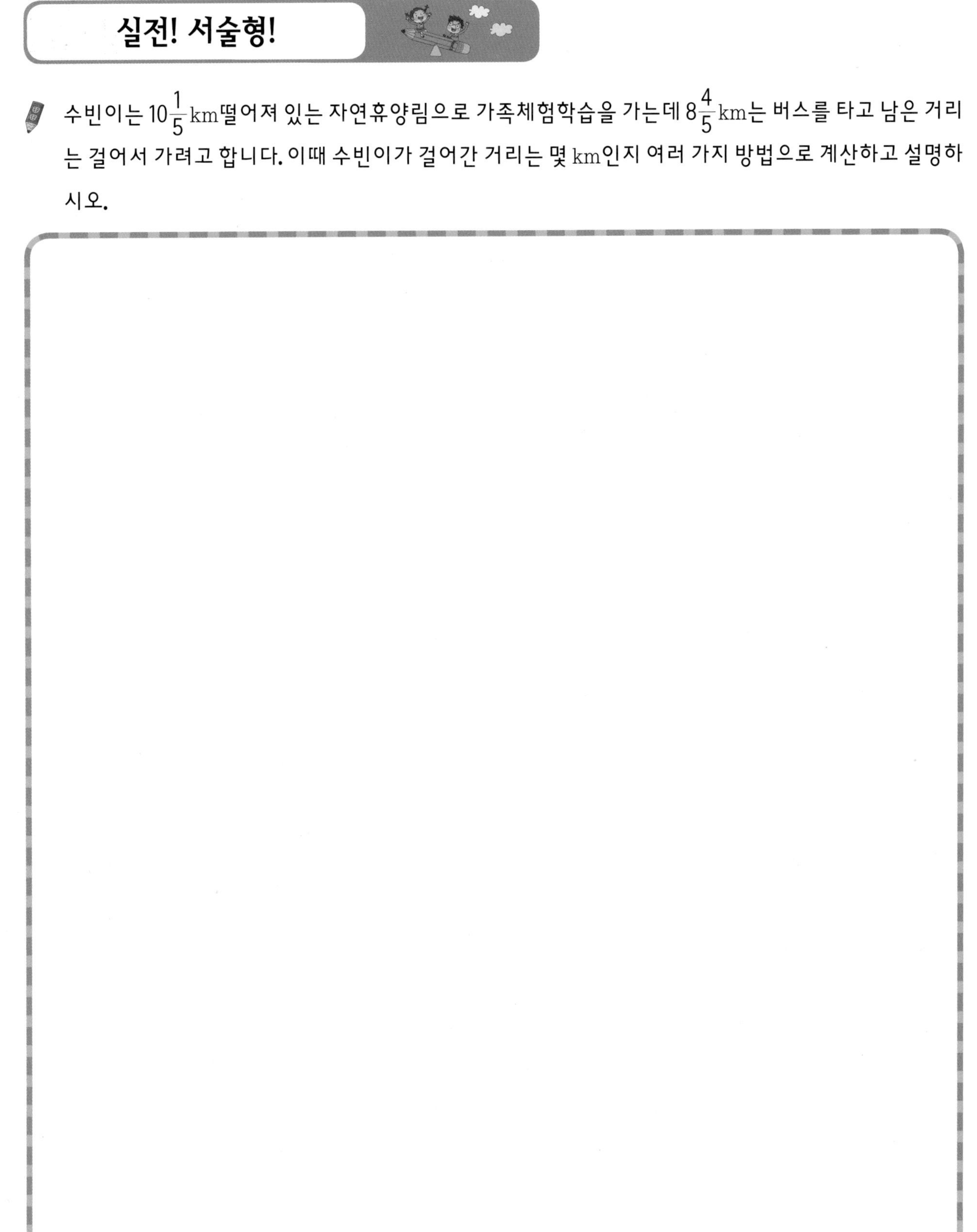

4. 분수의 덧셈과 뺄셈(기본개념 3)

개념 쏙쏙!

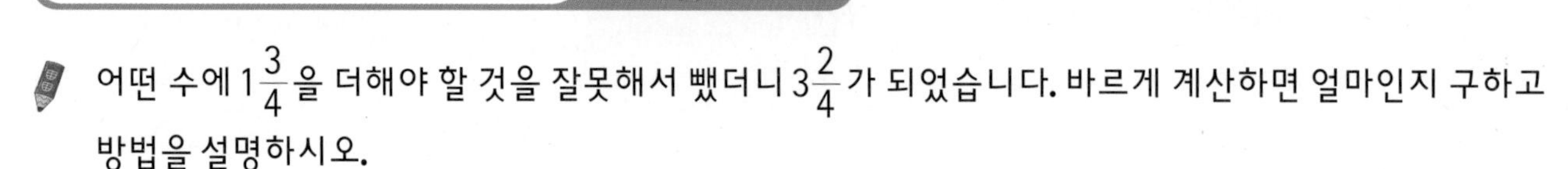

어떤 수에 $1\frac{3}{4}$을 더해야 할 것을 잘못해서 뺐더니 $3\frac{2}{4}$가 되었습니다. 바르게 계산하면 얼마인지 구하고 방법을 설명하시오.

1 구하려고 하는 것은 무엇입니까?

어떤 수에 $1\frac{3}{4}$을 더한 값입니다.

2 어떤 수를 알아봅시다.

① 잘못 계산한 식을 써봅시다.

어떤 수를 □라고 하면 $□-1\frac{3}{4}=3\frac{2}{4}$ 입니다.

② 어떤 수를 구하여 봅시다.

어떤 수 □는 $3\frac{2}{4}$와 $1\frac{3}{4}$의 합이므로

$□=3\frac{2}{4}+1\frac{3}{4}=(3+1)+(\frac{2}{4}+\frac{3}{4})=4+\frac{5}{4}=4+1\frac{1}{4}=5\frac{1}{4}$ 입니다.

3 바르게 계산하면 얼마인지 알아봅시다.

$5\frac{1}{4}+1\frac{3}{4}=(5+1)+(\frac{1}{4}+\frac{3}{4})=6+\frac{4}{4}=6+1=7$

정리해 볼까요?

잘못한 계산을 바르게 계산하기

- 어떤 수를 □라고 하면 $□-1\frac{3}{4}=3\frac{2}{4}$ 입니다.
- 어떤 수 □는 $3\frac{2}{4}$와 $1\frac{3}{4}$의 합이므로 $□=1\frac{3}{4}+1\frac{3}{4}=(3+1)+(\frac{2}{4}+\frac{3}{4})=4+\frac{5}{4}=4+1\frac{1}{4}=5\frac{1}{4}$ 입니다.
- 바르게 계산하면 $5\frac{1}{4}+1\frac{3}{4}=(5+1)+(\frac{1}{4}+\frac{3}{4})=6+\frac{4}{4}=6+1=7$입니다.

첫걸음 가볍게!

어떤 수에 $2\frac{3}{5}$을 더해야 할 것을 잘못해서 뺐더니 $2\frac{4}{5}$가 되었습니다. 바르게 계산하면 얼마인지 구하고 방법을 설명하시오.

1 구하려고 하는 것은 무엇입니까?

□에 □을 더한 값입니다.

2 어떤 수를 알아봅시다.

① 잘못 계산한 식을 써봅시다.

어떤 수를 △라고 하면 △ − □ = □입니다.

② 어떤 수를 구하여 봅시다.

어떤 수 △는 $2\frac{4}{5}$와 $2\frac{3}{5}$의 합이므로

△ = □ + □ = (□) + (□) = □ + □ = □ + □ = □입니다.

3 바르게 계산하면 얼마인지 알아봅시다.

□ + □ = (□) + (□) = □ + □ = □ + □ = □

4 잘못한 계산을 바르게 계산하는 방법을 설명해봅시다.

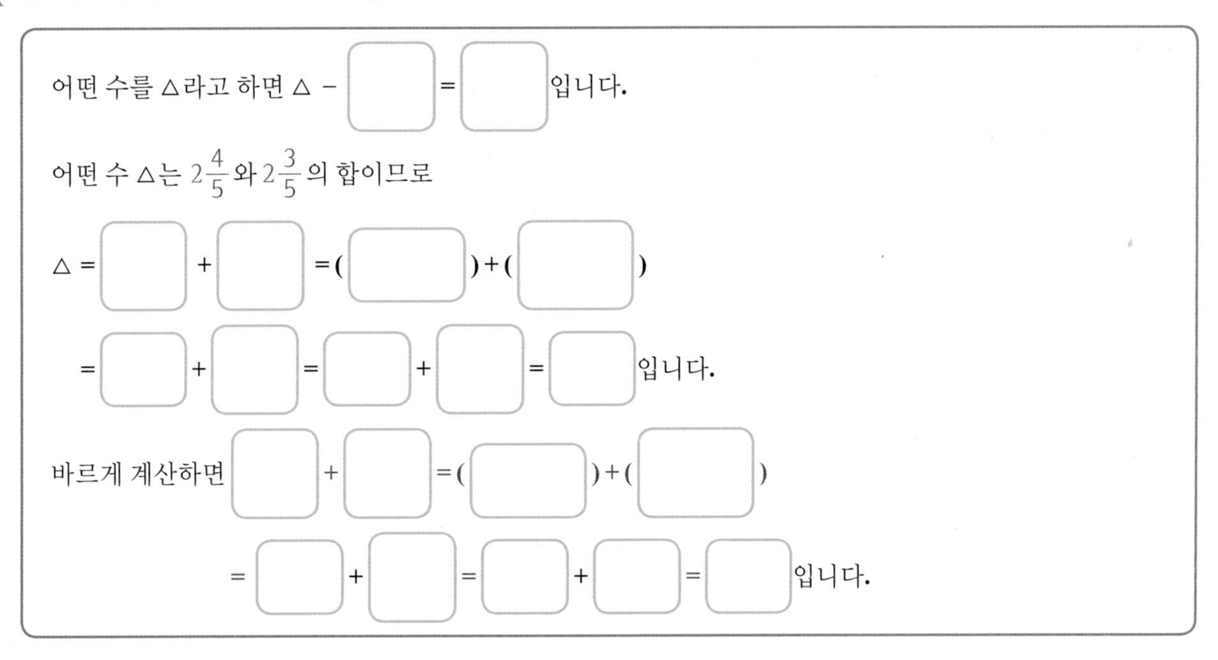

어떤 수를 △라고 하면 △ − □ = □입니다.

어떤 수 △는 $2\frac{4}{5}$와 $2\frac{3}{5}$의 합이므로

△ = □ + □ = (□) + (□)

= □ + □ = □ + □ = □입니다.

바르게 계산하면 □ + □ = (□) + (□)

= □ + □ = □ + □ = □입니다.

한 걸음 두 걸음!

어떤 수에 $1\frac{4}{6}$을 빼야 할 것을 잘못해서 더했더니 $5\frac{1}{6}$이 되었습니다. 바르게 계산하면 얼마인지 구하고 방법을 설명하시오.

1 구하려고 하는 것은 무엇입니까?

____

2 어떤 수를 알아봅시다.

① 잘못 계산한 식을 써봅시다.

어떤 수를 ☆라고 하면 ______________ 입니다.

② 어떤 수를 구하여 봅시다.

어떤 수 ☆는 ______________ 이므로

☆ = ______________________________ 입니다.

3 바르게 계산하면 얼마인지 알아봅시다.

____

____

4 잘못한 계산을 바르게 계산하는 방법을 설명해봅시다.

어떤 수를 ☆라고 하면 ______________________________ 입니다.

어떤 수 ☆는 ______________________________ 이므로

☆ = ______________________________ 입니다.

바르게 계산하면 ______________________________ 입니다.

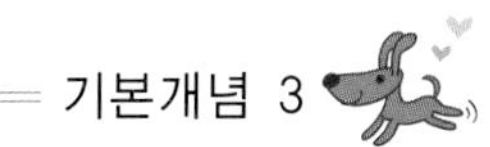

도전! 서술형!

어떤 수에 $2\frac{6}{7}$을 빼야 할 것을 잘못해서 더했더니 $6\frac{5}{7}$가 되었습니다. 바르게 계산하면 얼마인지 구하고 방법을 설명하시오.

1 구하려고 하는 것은 무엇입니까?

2 어떤 수를 알아봅시다.

3 바르게 계산하면 얼마인지 알아봅시다.

4 잘못한 계산을 바르게 계산하는 방법을 설명해봅시다.

실전! 서술형!

어떤 수에 $9\frac{9}{11}$을 빼야 할 것을 잘못해서 더했더니 $27\frac{3}{11}$이 되었습니다. 바르게 계산하면 얼마인지 구하고 방법을 설명하시오.

Jumping Up! 창의성!

다음의 숫자카드를 사용하여 분모가 10인 대분수를 만들 때 가장 큰 대분수와 가장 작은 대분수의 합을 구하고 방법을 설명하시오.

1 가장 큰 대분수를 찾아봅시다.

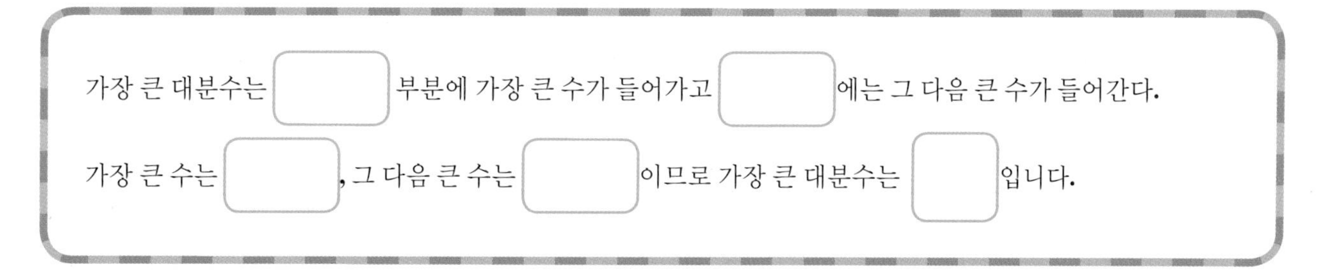

가장 큰 대분수는 ☐ 부분에 가장 큰 수가 들어가고 ☐ 에는 그 다음 큰 수가 들어간다.

가장 큰 수는 ☐, 그 다음 큰 수는 ☐ 이므로 가장 큰 대분수는 ☐ 입니다.

2 가장 작은 대분수를 찾아봅시다.

가장 작은 대분수는 ☐ 부분에 가장 작은 수가 들어가고 ☐ 에는 그 다음 작은 수가 들어간다.

가장 작은 수는 ☐, 그 다음 작은 수는 ☐ 이므로 가장 작은 대분수는 ☐ 입니다.

3 가장 큰 대분수와 가장 작은 대분수의 합을 구하고 방법을 설명하여 봅시다.

나의 실력은?

1 성희는 등교할 때 운동장을 $2\frac{3}{5}$바퀴 달리고, 하교할 때 $1\frac{4}{5}$바퀴 달렸다. 성희는 모두 몇 바퀴를 달렸는지 여러 가지 방법으로 계산하고 설명하시오.

2 초등학생들의 취침시간을 조사한 결과 남학생은 평균 $9\frac{2}{6}$시간, 여학생은 평균 $8\frac{5}{6}$였다. 남학생의 취침시간이 몇 시간 더 많은지 여러 가지 방법으로 계산하고 설명하시오.

3 어떤 수에 $7\frac{8}{9}$을 빼야 할 것을 잘못해서 더했더니 $20\frac{1}{9}$가 되었습니다. 바르게 계산하면 얼마인지 구하고 방법을 설명하시오.

5. 혼합계산

5. 혼합계산 (기본개념1)

개념 쏙쏙!

두 식의 계산 순서를 비교하여 가와 나 중 어느 식의 계산 결과가 더 큰지 설명하시오.

가. $60-5+6\times2$　　　　나. $60-(5+6)\times2$

1 혼합 계산식을 해결하는 순서를 알아봅시다.

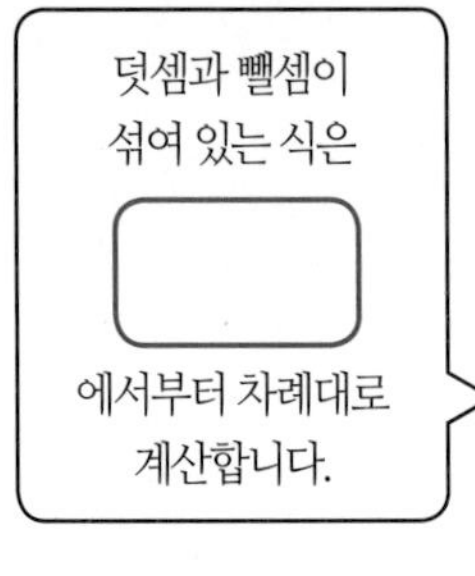

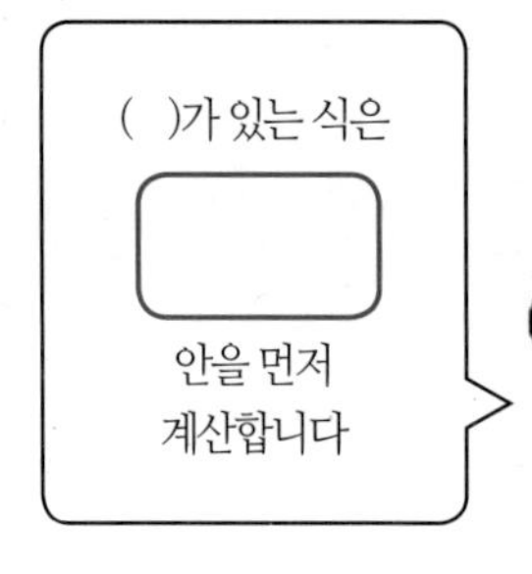

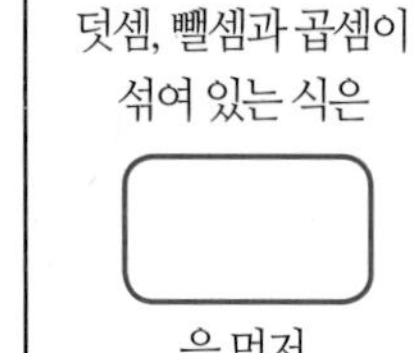

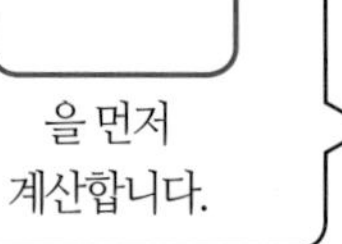

2 계산 순서를 비교하여 봅시다.

가. $60-5+6\times2$

나.

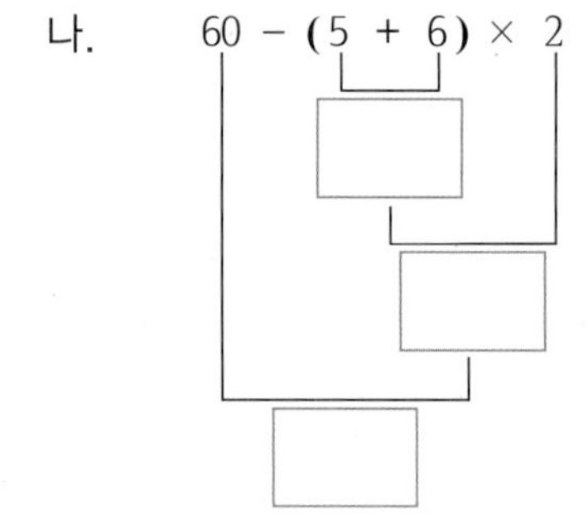

3 가와 나를 비교하면 (　　　)가 (　　　)보다 큽니다.

정리해 볼까요?

계산 순서를 비교하여 어느 식의 계산 결과가 더 큰지 설명하기

가. $60-5+6\times2$

= ○ + □

= (　　　)

나. $60-(5+6)\times2$

$=60-$ □ $\times2$

$=60-$ (　　　) = (　　　)

그래서 (　　　)가 (　　　)보다 큽니다.

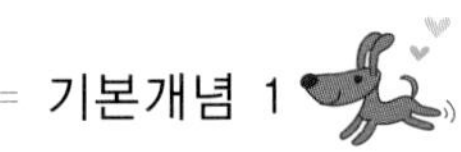

식을 세우고 두 식의 계산 순서를 비교하여 가와 나 중 어느 식의 계산 결과가 더 큰지 설명하시오.

가. 32에서 8과 6의 합을 뺀 수

나. 32에서 8을 뺀 후, 6을 더한 수

1 가를 식으로 세워 봅시다.

① 처음 수 → (　　)

② 8과 6의 합 → □ + □

③ 32에서 8과 6의 합을 뺀 수 → (　　) − (□ + □)

2 나를 식으로 세워 봅시다.

① 32에서 8을 뺀 후 → □ − □

② 32에서 8를 뺀 후, 6을 더한 수 → (□ − □) + (　　)

3 두 식의 계산 순서를 비교하여 봅시다.

가. (　　) − (□ + □)

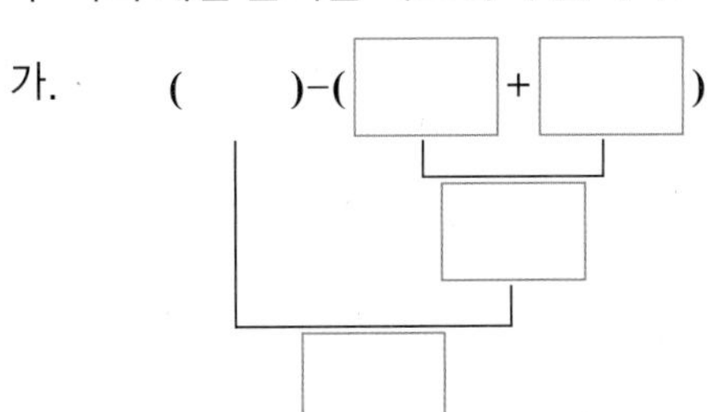

나. (□ − □) + (　　)

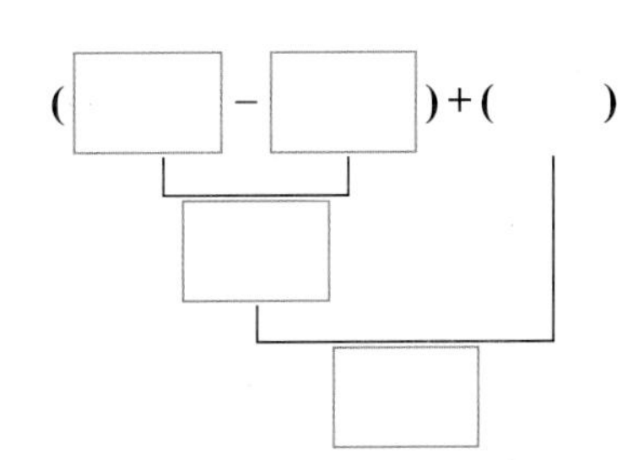

4 가와 나를 비교하면 (　　)가 (　　)보다 큽니다.

5 **1** ~ **4** 번의 풀이과정을 정리하여 써 봅시다.

가와 나의 식을 세우고 계산 순서를 비교하면

가. (　　) − (□ + □)
= (　　) − (　　)
= (　　)

나. (□ − □) + (　　)
= (　　) + (　　)
= (　　)

그래서 (　　)가 (　　) 보다 큽니다.

기본개념 1

한 걸음 두 걸음!

식을 세우고 두 식의 계산 순서를 비교하여 가와 나 중 어느 식의 계산 결과가 더 큰지 설명하시오.

가. 80에서 9와 4의 차를 3배 한 값을 뺀 수

나. 20의 4배 한 값과 5를 2배 한 값의 차

1 가를 식으로 세워 봅시다.

① 처음의 수 → ( )

② 9와 4의 차 → □ − □

③ 9와 4의 차를 3배 한 값 → (□ − □) × ○

④ 80에서 9와 4의 차를 3배 한 값을 뺀 수 → ( ) − (□ − □) × ○

2 나를 식으로 세워 봅시다.

① 20를 4배 한 값 → □ × □

② 5를 2배 한 값 → △ × △

③ 20를 4배 한 값과 5를 2배 한 값의 차 → (□ × □) − (△ × △)

3 두 식의 계산 순서를 표시하고 해결하여 봅시다.

가. ( ) − (□ − □) × ○

나. (□ × □) − (△ × △)

4 가와 나를 비교하면 ( )가 ( )보다 큽니다.

5 **1**~**4** 번의 풀이과정을 정리하여 써 봅시다.

가와 나의 식을 세우고 계산 순서를 비교하면

가. ( ) − (□ − □) × ( )

= ____________________

= ____________________

나. (□ × □) − (□ × □)

= ____________________

= ____________________

그래서 ( )가 ( ) 보다 큽니다.

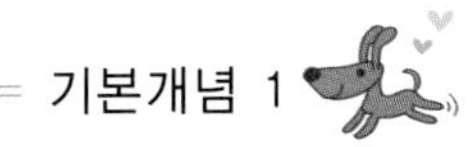

도전! 서술형!

식을 세우고 두 식의 계산 순서를 비교하여 가와 나 중 어느 식의 계산 결과가 더 큰지 설명하시오.

가. 36을 3으로 나눈 몫에 2를 곱한 수

나. 36을 3과 2의 곱으로 나눈 몫

가와 나의 식을 세우고 계산 순서를 비교합니다.

가. (□ ÷ □) × □

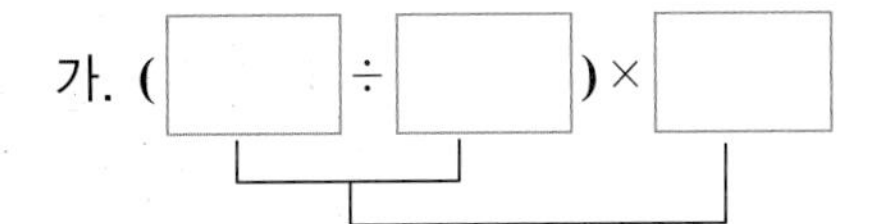

나. □ ÷ (□ × □)

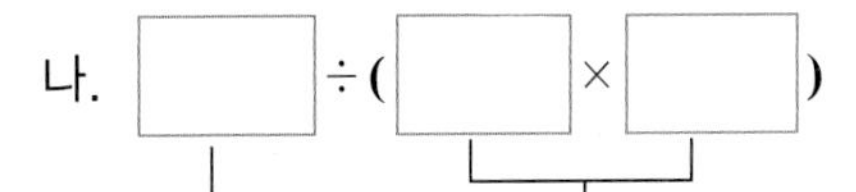

그래서 (　　　)가 (　　　) 보다 큽니다.

식을 세우고 두 식의 계산 순서를 비교하여 가와 나 중 어느 식의 계산 결과가 더 큰지 설명하시오.

가. 40에서 27과 15의 차를 4로 나눈 값을 뺀 수

나. 40을 4로 나눈 몫과 16을 2로 나눈 몫의 합

가와 나의 식을 세우고 계산 순서를 비교합니다.

가의 식 : □ − (□ − □) ÷ □

나의 식 : (□ ÷ □) + (□ ÷ □)

그래서 (　　　)가 (　　　)보다 큽니다.

실전! 서술형!

 식을 세우고 두 식의 계산 순서를 비교하여 가와 나 중 어느 식의 계산 결과가 더 큰지 설명하시오.

가. 54와 16의 합에서 84를 7로 나눈 몫의 3배만큼을 뺀 수

나. 10에 15와 9를 곱한 후 5로 나눈 몫을 더한 수

5. 혼합계산 (기본개념2)

개념 쏙쏙!

혜지는 한 봉지에 12개씩 들어 있는 사탕 4봉지와 사탕 3개를 가지고 있습니다. 혜민이는 한 봉지에 9개씩 들어 있는 사탕 5봉지와 사탕 5개를 가지고 있습니다. 누가 사탕을 더 많이 가지고 있는지를 혼합 계산식을 사용하여 설명하시오.

1 혜지의 사탕 개수를 혼합 계산식을 세워 알아봅시다.

12개씩 들어 있는 사탕 4봉지와 사탕 3개

→ 12 ○ 4 ○ 3 = (　　) ○ 3 = △

2 혜민이의 사탕 개수를 혼합 계산식을 세워 알아봅시다.

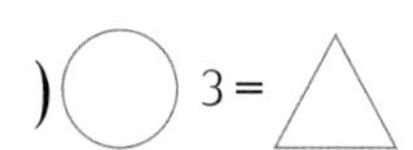

9개씩 들어 있는 사탕 5봉지와 사탕 5개

→ 9 ○ 5 ○ 5 = (　　) ○ 5 = □

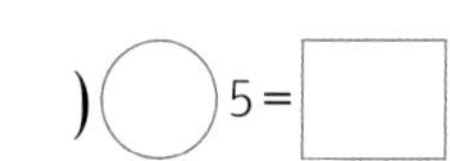

3 사탕 개수를 비교하면 △ 이 □ 보다 크기 때문에 (　　　) 가 (　　　) 보다 사탕을 더 많이 가지고 있습니다.

정리해 볼까요?

혼합 계산식을 사용하여 두 수 비교하기

혜지의 사탕 개수는 12 ○ 4 ○ 3 = △ 이고, 혜민이의 사탕 개수는 9 ○ 5 ○ 5 = □ 입니다.

사탕 개수를 비교하면 △ 이 □ 보다 크기 때문에 (　　　) 가 (　　　) 보다 사탕을 더 많이 가지고 있습니다.

첫걸음 가볍게!

지혜는 한 봉지에 11개씩 들어 있는 사탕 6봉지에서 사탕 6개를 빼내어 동생에게 주었습니다. 민혜는 한 봉지에 11개씩 들어 있는 사탕 4봉지와 사탕 9개를 가지고 있습니다. 누가 사탕을 더 많이 가지고 있는지를 혼합 계산식을 사용하여 설명하시오.

1 지혜의 사탕 개수를 혼합 계산식을 세워 알아봅시다.

11개씩 들어 있는 사탕 6봉지에서 사탕 6개를 빼면

→ 11 ◯ 6 ◯ 6 = ( ) ◯ 6 = △

2 민혜의 사탕 개수를 혼합 계산식을 세워 알아봅시다.

11개씩 들어 있는 사탕 4봉지와 사탕 9개

→ 11 ◯ 4 ◯ 9 = ( ) ◯ 9 = △

3 사탕 개수를 비교하면 △ 이 □ 보다 크기 때문에 ( ) 가 ( ) 보다 사탕을 더 많이 가지고 있습니다.

4 **1** ~ **3** 번 풀이과정을 정리하여 써 봅시다.

지혜의 사탕 개수는 11 ◯ 6 ◯ 6 = △ 이고, 민혜의 사탕 개수는 11 ◯ 4 ◯ 9 = □ 입니다. 사탕 개수를 비교하면 △ 이 □ 보다 크기 때문에 ( )가 ( )보다 사탕을 더 많이 가지고 있습니다.

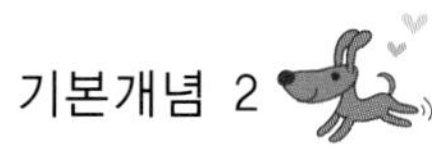

한 걸음 두 걸음!

지혜는 사탕을 200개를 가지고 있습니다. 동생에게 10개씩 3번을 주고 6개를 더 주었습니다. 지혜가 동생에게 주고 남은 사탕의 개수를 혼합 계산식을 사용하여 설명하시오.

1 지혜가 처음에 가지고 있던 사탕 개수는 ☐ 개입니다.

2 동생에게 준 사탕 개수를 혼합 계산식을 세워 알아봅시다.

10개씩 3번 주고 6개를 더 주었습니다.

→ 10 ○ 3 ○ 6 = (　　) ○ 6 = △

3 지혜가 동생에게 주고 남은 사탕 개수를 혼합 계산식을 세워 알아봅시다.

(지혜가 처음에 가지고 있던 사탕 개수) - (동생에게 준 사탕의 개수)

→ ☐ - (10 ○ 3 ○ 6) = ☐ - △ = ☐

4 **1** ~ **3** 번 풀이를 정리하여 써 봅시다.

동생에게 준 사탕 개수는 10 ○ 3 ○ 6 = (　　) ○ 6= △ 입니다.

지혜가 동생에게 주고 남은 사탕 개수를 혼합 계산식을 세워 알아보면

☐ - (10 ○ 3 ○ 6) = ☐ - △ = ☐ 입니다.

그래서 지혜가 동생에게 주고 남은 사탕 개수는 ☐ 개입니다.

도전! 서술형!

지혜는 2000원이 있습니다. 어머니께서 1000원짜리 3장을 용돈으로 주셨습니다. 그리고 친구를 만나서 1500원을 사용하였습니다. 지혜가 사용하고 남은 돈이 얼마인지를 혼합 계산식을 사용하여 설명하시오.

혼합 계산식으로 나타내면 (처음 가진 돈) + (더 받은 용돈) − (친구와 사용한 돈)

= ☐ + (☐ × ☐) − ☐

= ____________________

지혜가 사용하고 남은 돈은 (　　　)원입니다.

어린이날 친척들에게 혜지와 혜민이는 용돈을 받았습니다. 혜지는 10000원씩 3번과 6000원을 받았고 혜민이는 5000원씩 4번과 7000원을 받았습니다. 누가 용돈을 얼마나 더 많이 받았는지 혼합 계산식을 사용하여 설명하시오.

혜지의 용돈을 구하는 혼합 계산식은 ☐ × ☐ + ☐ = ____________ 입니다.

혜민이의 용돈을 구하는 혼합 계산식은 ☐ × ☐ + ☐ = ____________ 입니다.

용돈의 차는 ____________ 이 됩니다.

(　　　)가 (　　　)보다 (　　　)원 더 받았습니다.

실전! 서술형!

지금 통장에는 6350원이 저금되어 있습니다. 오늘 상희는 어머니께 1000원짜리 3장과 500원짜리 3개를 받았습니다. 그리고 1200원만 쓰고 저금을 하였습니다. 오늘까지 통장에 저금되어 있는 돈은 모두 얼마인지 혼합 계산식을 사용하여 설명하시오.

'개념쏙쏙'과 '첫걸음 가볍게'의 내용을 참고해서 계산 순서를 생각하며 차근차근 설명해 봅시다.

5. 혼합계산 (기본개념3)

개념 쏙쏙!

5개가 들어 있는 사탕 한 봉지는 500원이고 15개가 들어 있는 사탕 한 봉지는 1500원입니다. 사탕 30개를 사려면 얼마의 돈이 필요한지 혼합 계산식을 이용하여 설명하시오.

1 사려는 사탕 □ 개의 가격을 알아봅시다.

□, △, ○, ◇ 등에 알맞은 수를 넣으세요.

① 5개가 들어 있는 사탕은 △ 봉지가 필요합니다.

→ (5개가 들어 있는 사탕 한 봉지 값) × △ = (　　　) × △

② 15개가 들어 있는 사탕은 ○ 봉지가 필요합니다.

→ (15개가 들어 있는 사탕 한 봉지 값) × ○ = (　　　) × ○

③ 5개가 들어 있는 사탕 ◇ 봉지와 15개가 들어 있는 사탕 ○ 봉지가 필요합니다.

→ (5개가 들어 있는 사탕 한 봉지 값) × ◇ + (15개가 들어 있는 사탕 한 봉지 값) × ○

= (　　　) × ◇ + (　　　) × ○

2 ①~③ 중에서 혼합 계산식을 사용한 것은 □ 입니다.

3 혼합 계산식을 계산 순서대로 계산해 봅시다.

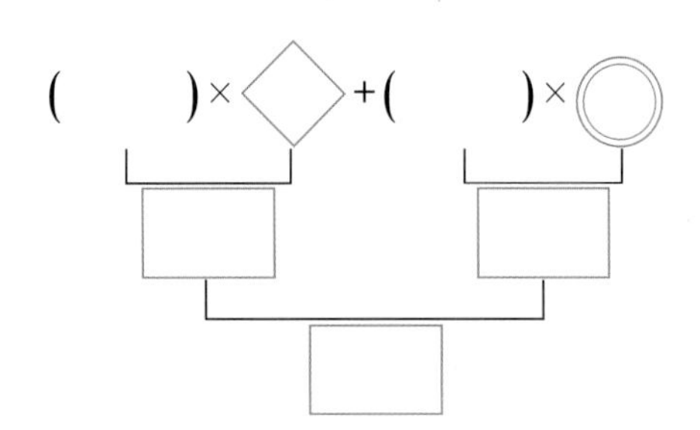

4 사탕 30개를 사는 데 필요한 돈은 (　　　)원입니다.

정리해 볼까요?

혼합 계산식을 사용하여 필요한 돈을 구하기

5개가 들어 있는 사탕 ◇ 봉지와

15개가 들어 있는 사탕 ○ 봉지의 가격을

혼합 계산식으로 나타내면 오른쪽과 같습니다.

사탕 30개를 사는 데 필요한 돈은 (　　　)원입니다.

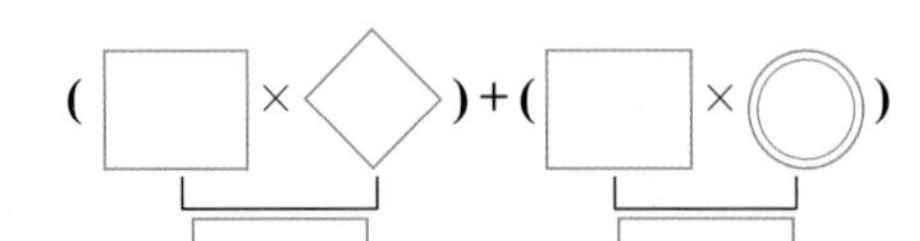

첫걸음 가볍게!

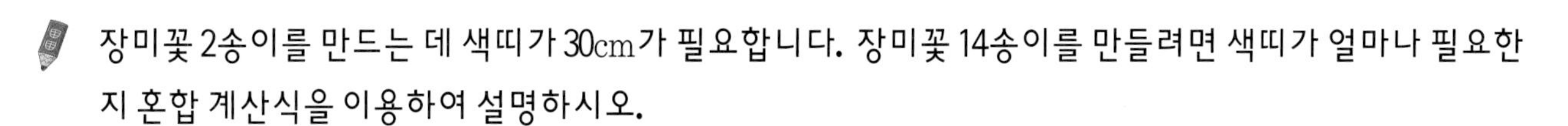

장미꽃 2송이를 만드는 데 색띠가 30cm가 필요합니다. 장미꽃 14송이를 만들려면 색띠가 얼마나 필요한지 혼합 계산식을 이용하여 설명하시오.

1 장미꽃 □ 송이 만드는 데 필요한 색띠의 길이를 구하여 봅시다.

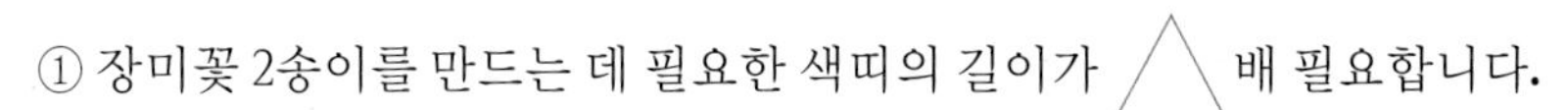

① 장미꽃 2송이를 만드는 데 필요한 색띠의 길이가 △ 배 필요합니다.

→ (장미꽃 2송이를 만드는 데 필요한 색띠의 길이) × △ = □ × △

② 장미꽃 1송이를 만드는 데 필요한 색띠의 길이가 ○ 배 필요합니다.

→ (장미꽃 1송이를 만드는 데 필요한 색띠의 길이) × ○

= (장미꽃 2송이를 만드는 데 필요한 색띠의 길이) ÷ □ × ○ = (　) ÷ □ × ○

2 ①~② 중에서 혼합 계산식을 사용한 것은 □ 입니다.

3 혼합 계산식을 계산 순서대로 계산해 봅시다.

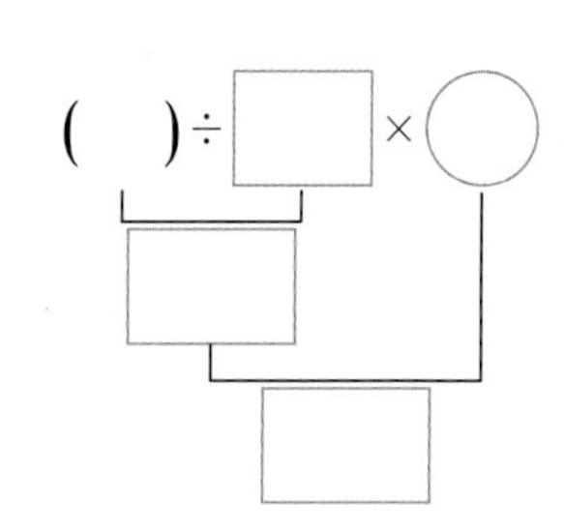

(　) ÷ □ × ○

4 장미꽃 14송이를 만드는 데 필요한 색띠의 길이는 □ cm 입니다.

5 **1** ~ **4** 번 풀이과정을 정리하여 써 봅시다.

장미꽃 14송이를 만드는 데 필요한 색띠의 길이는 장미꽃 1송이를 만드는 데 필요한 색띠 길이의 ○ 배가 됩니다.

(장미꽃 1송이를 만드는 데 필요한 색띠의 길이) × ○

= (장미꽃 2송이를 만드는 데 필요한 색띠의 길이) ÷ □ × ○

= (　) ÷ □ × ○

장미꽃 14송이를 만드는 데 필요한 색띠의 길이는 □ cm입니다.

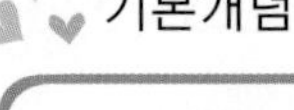

한 걸음 두 걸음!

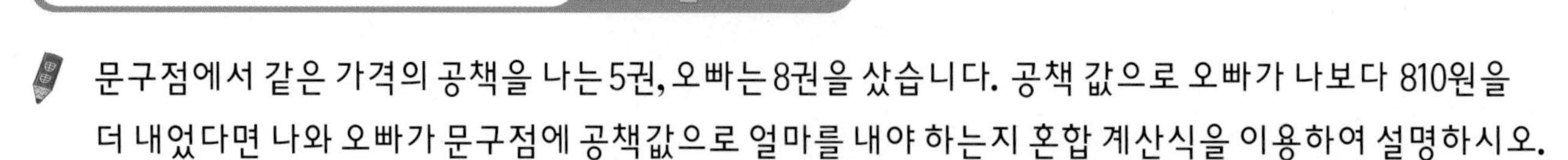

문구점에서 같은 가격의 공책을 나는 5권, 오빠는 8권을 샀습니다. 공책 값으로 오빠가 나보다 810원을 더 내었다면 나와 오빠가 문구점에 공책값으로 얼마를 내야 하는지 혼합 계산식을 이용하여 설명하시오.

1 오빠는 나보다 공책 □ 권을 더 샀고 ○ 원을 더 내었습니다.

2 공책 1권의 가격은 ○ ÷ □ = △ 됩니다.

3 나와 오빠가 문구점에 내야 하는 공책값을 구하는 혼합 계산식을 세워 알아봅시다.

(내가 산 공책의 수+ 오빠가 산 공책의 수) × (공책 1권의 값)

= (□ + □) × (○ ÷ □)

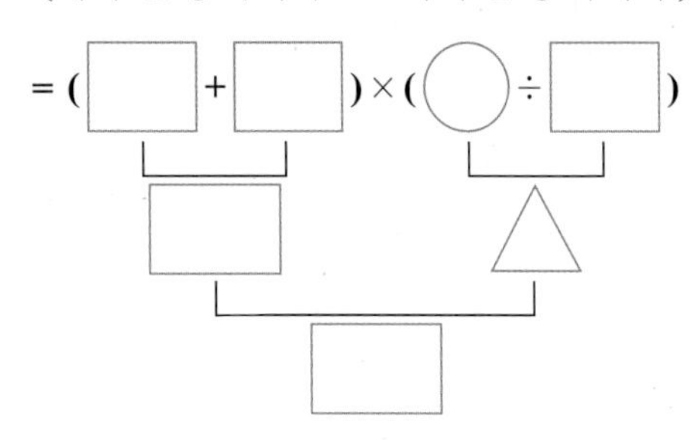

4 나와 오빠가 공책 값으로 문구점에 내야 하는 돈은 (   )원입니다.

5 **1** ~ **4** 번 풀이과정을 정리하여 써 봅시다.

오빠가 나보다 공책을 3권 더 사고 810원을 더 내었기에, 공책 1권의 값은 ○ ÷ □ = △ 입니다.

오빠와 내가 문구점에 내야 하는 돈은 (내가 산 공책+ 오빠가 산 공책) × (공책 1권의 값)이 됩니다.

혼합 계산식을 세워 알아보면 아래와 같습니다.

(□ + □) × (○ ÷ □)

나와 오빠가 공책 값으로 문구점에 내야 하는 돈은 (   )원입니다.

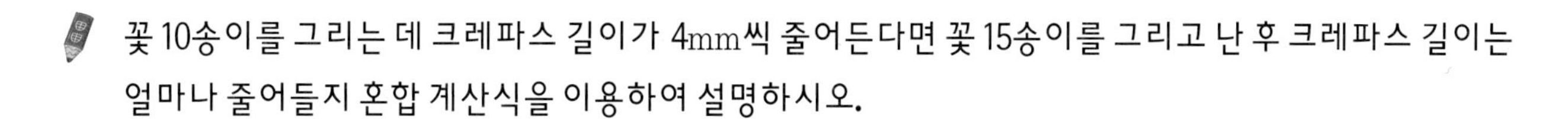

꽃 10송이를 그리는 데 크레파스 길이가 4mm씩 줄어든다면 꽃 15송이를 그리고 난 후 크레파스 길이는 얼마나 줄어들지 혼합 계산식을 이용하여 설명하시오.

꽃 15송이를 그리려면 꽃 10송이를 ○번과 꽃 5송이를 △번을 그리면 됩니다.

=(꽃 10송이를 그리는 데 줄어드는 크레파스 길이)×○+(꽃 5송이를 그리는 데 줄어드는 크레파스 길이)×△

=(꽃 10송이를 그리는 데 줄어드는 크레파스 길이)×○

+(꽃 10송이를 그리는 데 줄어드는 크레파스 길이)÷□×△

=(　　)×○+(　　)÷□×△

= ____________________

꽃 15송이를 그리고 난 후 줄어드는 크레파스 길이는 모두 (　　)mm입니다.

사탕 10개에 4000원입니다. 컵과 사탕 15개를 사면 9000원입니다. 컵의 가격이 얼마인지 혼합 계산식을 이용하여 설명하시오.

사탕 1개의 가격은 (사탕 10개의 가격)÷○=□÷○입니다.

컵의 가격은 (컵과 사탕 15개 가격)-(사탕 15개의 가격)

=□-(사탕 1개의 가격)×◎=□-(□÷○)×◎

= ____________________

컵 가격은 (　　)원입니다.

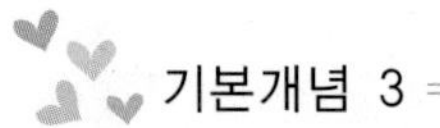

실전! 서술형!

 주어진 <조건>을 생각하며 수정이의 비밀 일기장 비밀번호가 무엇인지 혼합 계산식을 이용하여 설명하시오.

〈조건〉

- 오늘은 25일입니다.
- 수정의 생일은 9월 20일이며 생일의 수는 920이 됩니다.
- 비밀 번호는 수정이 생일의 수에서 오늘의 날짜를 뺀 후 오늘 날짜의 각 자리 숫자의 차를 곱한 수입니다.

Jumping Up! 창의성!

1, 2, 3, 4 4장의 카드와 +, −, ×, ÷, ( )를 사용하여 답이 되는 혼합 계산식을 쓰시오.

단, +, −, ×, ÷, ( )는 여러 번 사용할 수 있으나 숫자카드는 한 번씩 모두 사용해야 합니다.

식	답
	1
	2
	3
	4
	5
	6
	7
	8
	9
	10

나의 실력은?

1 가와 나 중 계산 순서를 비교하여 어느 식의 계산 결과가 더 큰지를 설명하시오.

가. $60-11+13\times2$ 나. $60-(11+13)\times2$

2 식을 세우고 두 식의 계산 순서를 비교하여 가와 나 중 어느 식의 계산 결과가 더 큰지 설명하시오.

가. 24와 16의 합에서 84를 7로 나눈 몫의 3배만큼을 뺀 수

나. 10에 5와 9를 곱한 후 5로 나눈 몫을 더한 수

3 다음 재료의 가격을 생각하며 카레 4인분을 만들기 위해 3가지 재료를 사는 데 필요한 돈은 얼마인지 혼합 계산식을 이용하여 설명하시오.

• 감자(4인분) 2400원 • 양파(2인분) 1000원 • 당근(8인분) 2400원

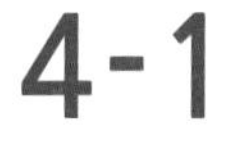

6. 막대그래프

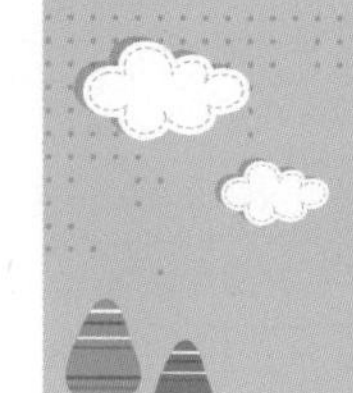

6. 막대그래프 (기본개념1)

개념 쏙쏙!

현지가 요일별로 읽은 책의 권수를 나타낸 표를 보고 막대그래프로 나타내어 보시오.

요일별로 읽은 책의 권수

요일	월	화	수	목	금	합계
책 권수(권)	1	2	3	1	3	9

1 가로에는 (　　　)을, 세로에는 (　　　)을 나타냅니다.

2 세로 눈금 한 칸은 (　　　)권으로 나타냅니다.

3 [　] 에는 [(　　) / (　　)] 를 씁니다.

4 세로 (　　) 에는 [　　] 을 씁니다.

5 막대그래프로 나타내어 봅시다.

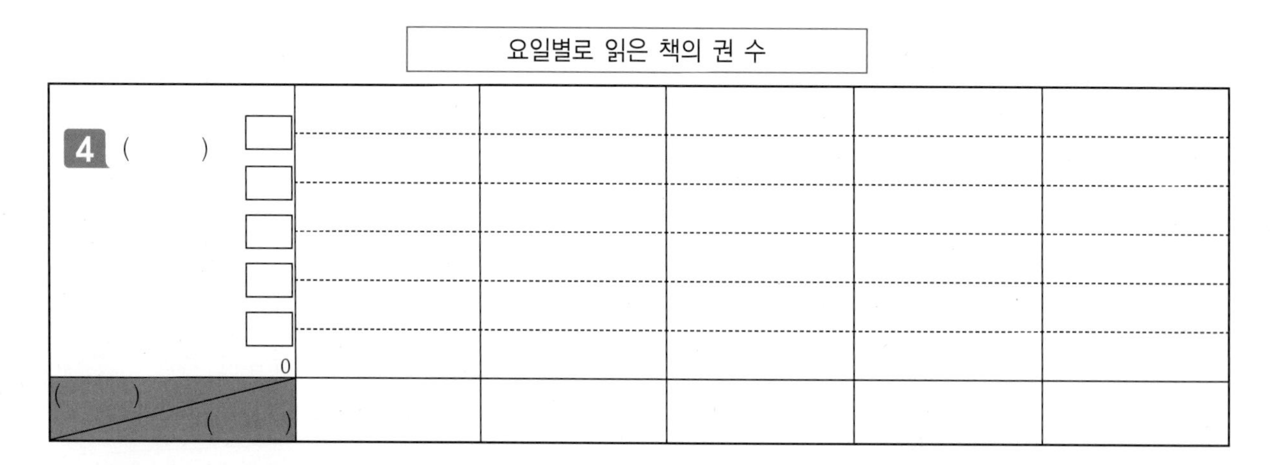

정리해 볼까요?

막대그래프로 나타내기

가로에는 (　　　), 세로에는 (　　　　)를 나타냅니다.

세로 눈금 한 칸을 (　　　)권으로 하고 요일별 책 권수만큼 막대를 그립니다.

첫걸음 가볍게!

현지가 일주일 동안 독서한 시간을 기록한 표를 보고 막대그래프로 나타내어 보시오.

일주일 동안 독서한 시간

요일	월	화	수	목	금	합계
독서한 시간(분)	20	50	80	60	40	250

1 가로에는 (　　　)을, 세로에는 (　　　)을 나타냅니다.

2 세로 칸 수를 생각하여 세로 눈금 한 칸은 (　　　)분으로 나타냅니다.

3 ◩에는 (　　) / (　　)을 씁니다.

4 세로 (　　) 에는 ▢을 넣어야 합니다.

5 제목을 쓰고, 막대그래프로 나타내어 봅시다.

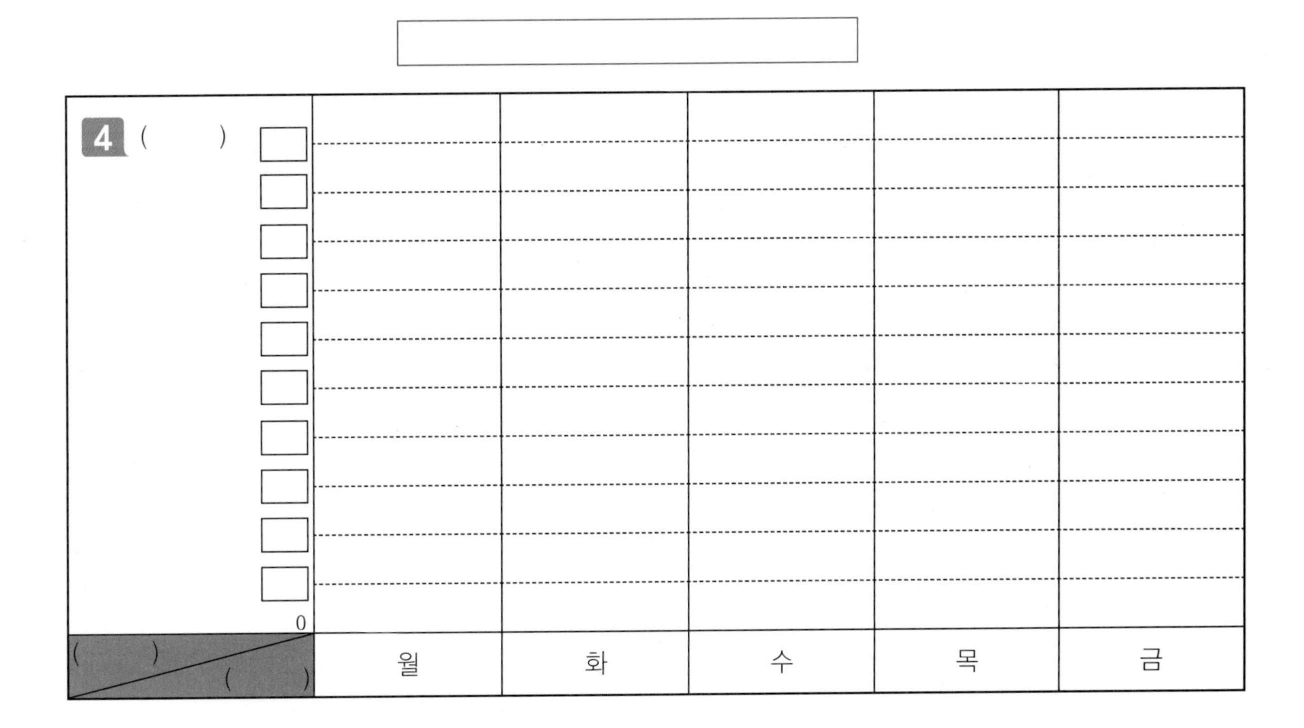

기본개념 1

한 걸음 두 걸음!

현지의 반 친구들이 좋아하는 색깔을 조사한 내용입니다. 표로 정리하고 막대그래프로 나타내어 보시오.

빨강	노랑	초록	파랑	초록	파랑
초록	빨강	초록	노랑	빨강	초록
초록	노랑	빨강	파랑	파랑	초록
파랑	노랑	초록	노랑	파랑	빨강

1 색깔별로 표를 정리하여 봅시다.

색깔					합계
학생 수(명)					

2 가로에는 (　　　)을, 세로에는 (　　　)을 나타냅니다.

3 세로 눈금 한 칸은 (　　　)명으로 나타냅니다.

4 (　　　) / (　　　) 를 쓰고, 세로 (　　　)을 씁니다.

5 제목을 쓰고, 막대그래프로 나타내어 봅시다.

4 (　　　)				
0				
(　　　) / (　　　)				

도전! 서술형!

현지가 일주일 동안 도서관을 방문한 수를 나타낸 표를 보고 막대그래프로 나타내어 보시오.

일주일 동안 도서관 방문한 수

요일	월	화	수	목	금	합계
방문한 수(회)	4	3	1	3	2	13

(　　)					
0					

현지의 반 친구들이 좋아하는 색깔을 조사한 표를 보고 막대그래프로 나타내어 보시오.

빨강	노랑	초록	파랑	초록	파랑
초록	빨강	주황	노랑	빨강	초록
주황	노랑	빨강	파랑	주황	초록

1 색깔별로 표를 정리하여 봅시다.

색깔						합계
학생 수(명)						

2 막대그래프로 나타내어 봅시다.

(　　)					
0					

실전! 서술형!

현지의 반 학생 수는 모두 25명입니다. 친구들이 주말에 가고 싶어 하는 장소를 조사한 내용입니다. 학생들의 대화를 보고 막대그래프로 나타내어 보시오.

현지: 주말에 가고 싶어 하는 장소로 영화관, 놀이공원, 쇼핑센터, 도서관, 야구장으로 해서 조사했지.

유라: 그래, 놀이공원에 가고 싶은 학생이 11명으로 가장 많이 나왔어.

진구: 영화관에 가고 싶은 사람은 도서관에 가고 싶은 사람의 3배가 가고 싶다고 했어.

혜미: 도서관에 가고 싶은 학생은 2명으로 가장 적은 학생들이 가고 싶어 하는 장소야.

현지: 그래, 쇼핑센터와 야구장에 가고 싶은 학생 수는 같았어.

(　　)					
0					

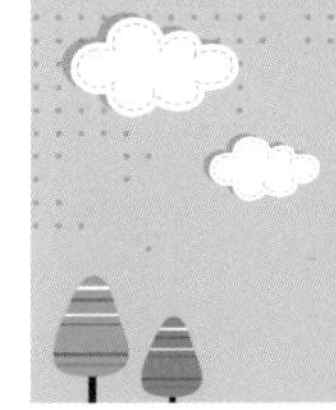

6. 막대그래프 (기본개념2)

개념 쏙쏙!

현지네 모둠 친구들이 일주일 동안 독서 시간을 나타낸 막대그래프입니다. 막대그래프를 보고 알 수 있는 내용을 쓰시오.

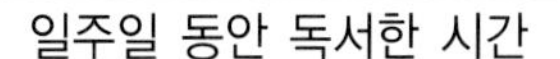

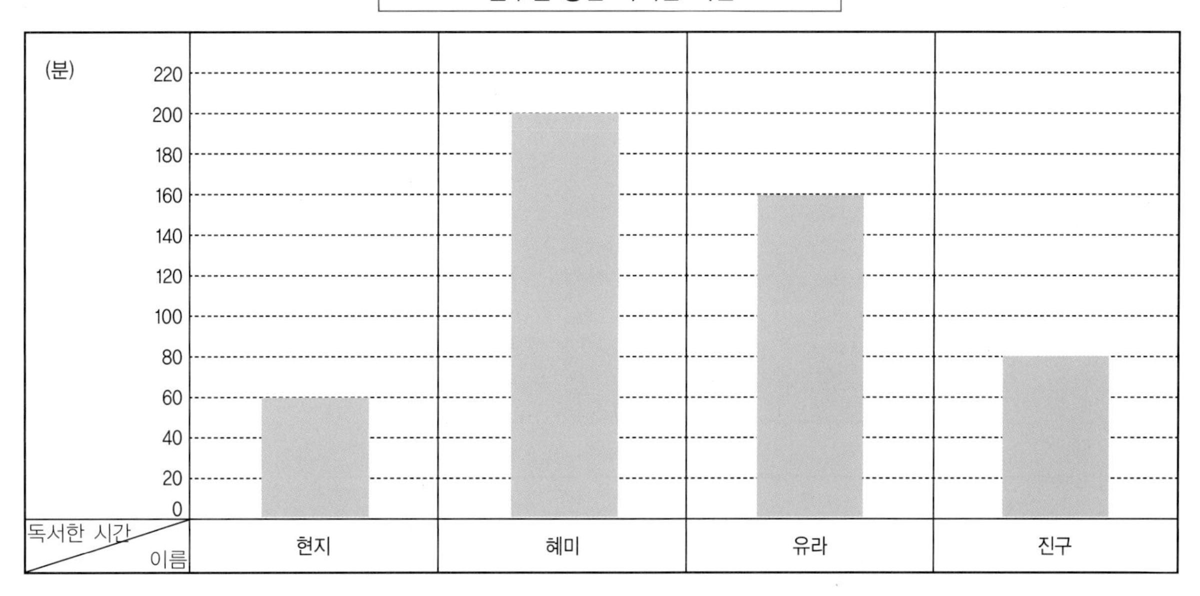

1 가로에는 ( ), 세로에는 ( )이 나타나 있습니다.

2 현지의 모둠은 모두 ( )명입니다.

3 세로 눈금 한 칸의 크기는 ( )을 나타냅니다.

4 막대의 길이는 ( )을 나타냅니다.

5 책을 두 번째로 많이 읽은 학생은 ( )입니다.

6 독서 시간이 많은 학생부터 쓴다면 ( ), ( ), ( ), ( )가 됩니다.

정리해 볼까요?

막대그래프에서 알 수 있는 내용을 쓰기

※ **1**~**6** 번처럼 막대그래프에서 바로 알 수 있는 내용을 찾아 씁니다.

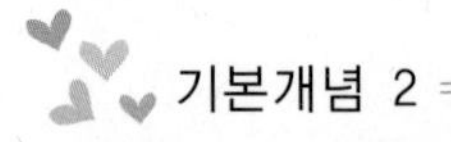
기본개념 2

첫걸음 가볍게!

현지 모둠 친구들이 일주일 동안 독서한 시간을 나타낸 막대그래프입니다. 막대그래프를 보고 알 수 있는 내용을 쓰시오.

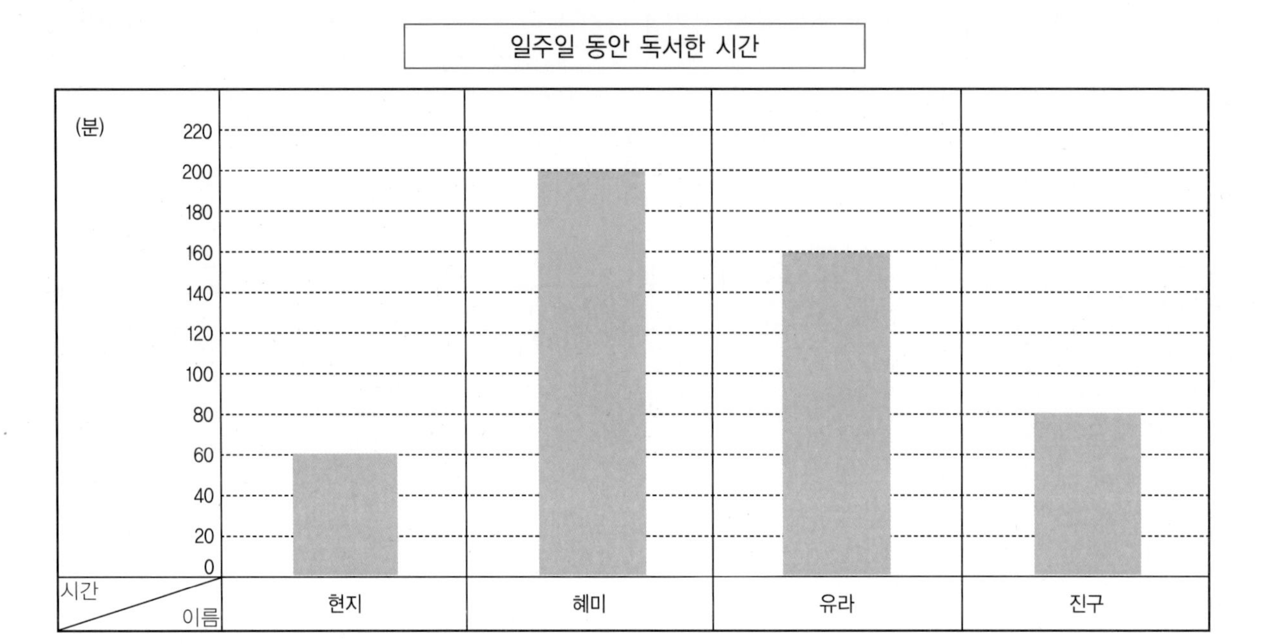

1 가장 많은 독서를 한 학생과 가장 적게 독서를 한 학생의 독서한 시간의 차는 (　　)−(　　)=(　　)분입니다.

2 현지의 독서한 시간보다 많고 유라의 독서한 시간보다 적은 학생은 (　　　　)입니다.

3 유라가 독서한 시간은 진구가 독서한 시간보다 (　　)배가 많습니다.

4 혜미와 현지가 독서한 시간의 합이 유라와 진구가 독서한 시간의 합보다 (많습니다, 적습니다.)

5 진구가 혜미의 독서 시간만큼 되려면 (　　)분을 더 읽어야 합니다.

※ **1**~**5** 번처럼 막대그래프의 수들을 비교하여 알 수 있는 내용을 찾아 씁니다.

한 걸음 두 걸음!

막대그래프를 보고 두 사람 중 잘못 말한 사람을 찾고 말한 내용을 바르게 고쳐 쓰시오.

놀이기구별 기다리는 사람 수

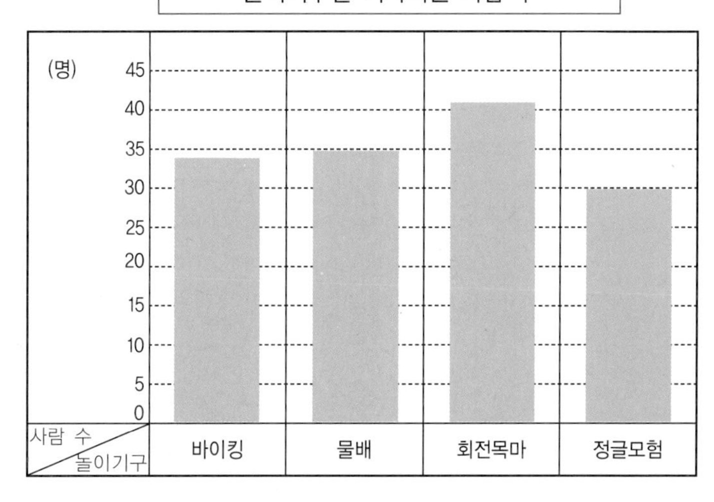

물배랑 바이킹을 기다리는 사람의 수는 약 35명이야.

바이킹을 기다리는 사람은 정확하게 33명이야.

1 약의 의미를 살펴 봅시다.

( )은 막대가 선에 정확하게 끝나지 않았을 때 막대에서 더 (가까이, 먼 곳)에 있는 선이 나타내는 수를 읽으면 됩니다.

2 바이킹을 타려고 기다리는 사람 수를 나타내는 막대의 길이를 살펴 봅시다.

(　　　)와 (　　　) 사이에 있어 정확하게 이야기 (할 수 있다, 할 수 없다.)

3 잘못 말한 사람은 (진아, 준영)입니다.

4 바르게 고쳐 봅시다.

바이킹을 타려고 기다리는 사람 수는 (　　)보다 (　　)에 더 가깝기 때문에  (　　　)명이라고 할 수 있습니다.

5 **1** ~ **4** 번의 풀이과정을 정리하여 써 봅시다.

바이킹을 타려고 기다리는 사람 수를 나타내는 막대의 길이는 (　　)와 (　　) 사이에 있어서 정확하게 이야기(할 수 있다, 할 수 없다.) 그래서 잘못 말한 사람은 (진아, 준영)입니다.

막대길이가 (　　)보다 (　　)에 더 가깝기에  (　　)명이라고 해야 합니다.

도전! 서술형!

3명의 학생들이 체험학습을 갈 때 부모님께 받은 용돈을 조사하여 나타낸 막대그래프입니다. 물음에 답하시오.

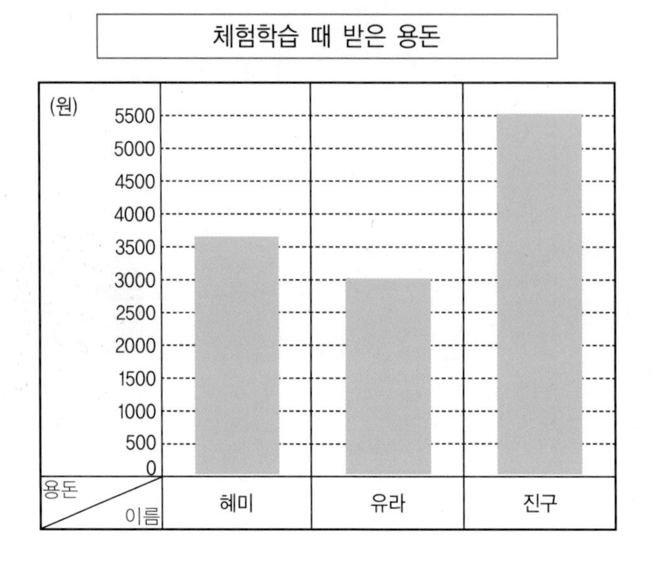

1 용돈이 적은 학생부터 차례대로 쓰시오.

____

2 용돈을 가장 많이 받은 학생과 가장 적게 받은 학생의 용돈 차를 구하시오.

용돈을 가장 많이 받은 학생은 (　　　　)이고, (　　　　)을 받았습니다.

용돈을 가장 적게 받은 학생은 (　　　　)이고, (　　　　)을 받았습니다.

두 학생의 용돈 차를 구하면 ______________________________ 원입니다.

3 주어진 문장이 바르지 바르지 않은지를 설명하시오.

혜미가 받은 용돈은 약 4000원입니다.

각 놀이기구를 기다리는 사람 수를 나타낸 막대그래프를 보고 물음에 답하시오.

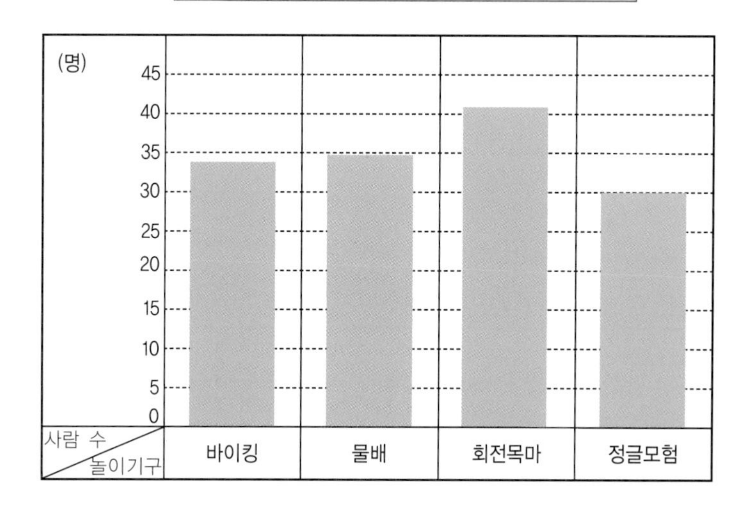

회전목마와 물배를 기다리는 사람 수의 차는 약 5명이야.

바이킹과 정글모험을 기다리는 사람 수의 차도 약 5명이야.

진아

준영

1 막대그래프를 통해 알 수 있는 내용을 2가지 쓰시오.

2 진아와 준영이 대화 내용이 바른지 바르지 않은지 설명하시오.

나의 실력은?

1 현지는 학급 친구들을 대상으로 요일별로 책을 읽은 학생 수를 조사하여 표로 나타내었습니다. 물음에 답하시오.

요일별로 독서한 학생 수

요일	월	화	수	목	금	합계
학생 수(명)	11	9	10	6	5	41

1) 막대그래프를 그리시오.

(　　)					
0					

2) 알 수 있는 내용을 2가지 쓰시오.

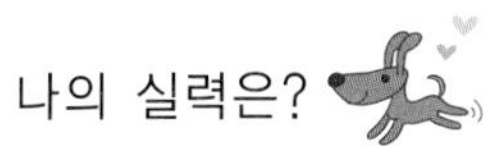

2 막대그래프를 보고 진아와 친구들이 말한 내용입니다. 누가 내용을 잘못 말하였는지 설명하시오.

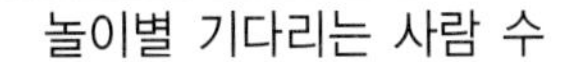

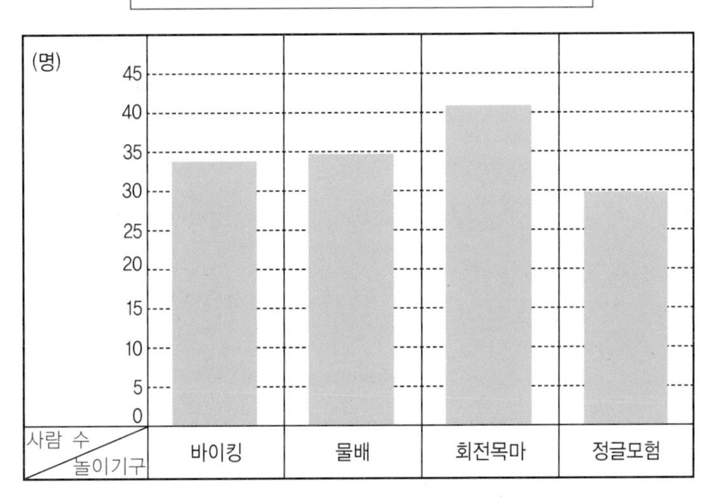

바이킹을 기다리는 사람의 수는 약 35명이야.

기다리는 사람이 가장 적은 놀이기구는 정글모험이야.

모든 놀이기구가 기다리는 사람이 25명보다 많아.

회전목마를 기다리는 사람이 정글모험을 기다리는 사람보다 15명보다 더 많아.

진아

준영

민서

현기

정답 및 해설

1. 큰 수

7쪽

첫걸음 가볍게!

1 종류

2

50000원	1장	⇒	70000원	재윤이네 반에서 모은 성금은 모두 79000원 입니다.
10000원	2장			
5000원	1장	⇒	9000원	
1000원	4장			

3 1,2,70000,1,4,9000,79000

8쪽

한 걸음 두 걸음!

1 같은 종류별로 모아 세어 봅니다.

2

10000원	4장	⇒	40000원	현정이의 동생들이 모은 돈은 모두 64300원 입니다.
5000원	3장	⇒	15000원	
1000원	6장	⇒	6000원	
500원	6개	⇒	3000원	
100원	3개	⇒	300원	

3 현정이와 동생들이 모은 돈은 10000원이 4장 40000원, 5000원 3장 15000원, 1000원이 6장 6000원, 500원이 6개 3000원, 100원이 3개로 300원을 모았습니다. 이를 모두 합하면 64300원이 됩니다.

9쪽

도전! 서술형!

1 같은 종류별로 모아 세어 봅니다.

2

50000원	1장	⇒	50000원	정윤이가 받은 세뱃돈은 모두 157000원 입니다.
10000원	4장	⇒	40000원	
5000원	11장	⇒	55000원	
1000원	12장	⇒	12000원	

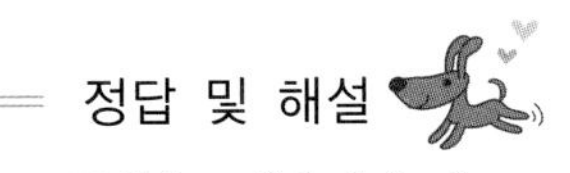

3 정윤이는 세뱃돈으로 50000원이 1장 50000원, 10000원 4장 40000원, 5000원이 11장 55000원, 1000원이 12장 12000원을 모았습니다. 이를 모두 합하면 157000원이 됩니다.

10쪽

실전! 서술형!

스웨덴은 10000원이 249장이므로 2490000원이 됩니다. 그리스는 1000원이 2690장이므로 2690000원이 됩니다. 스페인은 100원이 27800개이므로 2780000원이 됩니다.

여행지	여행경비
스웨덴	2490000원
그리스	2690000원
스페인	2780000원

12쪽

첫걸음 가볍게!

1

십억	억	천만	백만	십만	만	천	백	십	일
8	5	4	9	6	3	1	5	7	2

5

2

백억	십억	억	천만	백만	십만	만	천	백	십	일
8	5	4	9	6	3	1	5	7	2	0

천만, 4

3 5, 10, 천만, 4, 5, 4, 9

13쪽

한 걸음 두 걸음!

1

백억	십억	억	천만	백만	십만	만	천	백	십	일
5	4	1	9	8	5	3	0	5	7	0

원래 수의 십만 자리의 수인 8입니다.

2

천억	백억	십억	억	천만	백만	십만	만	천	백	십	일
5	4	1	9	8	5	3	0	5	7	0	0

원래 수의 만 자리의 수인 5입니다.

3 원래 수의 십만 자리의 수인 8, 원래 수의 만 자리 수인 5, 13

14쪽

도전! 서술형!

1

조	천억	백억	십억	억	천만	백만	십만	만	천	백	십	일
7	2	8	3	4	1	6	5	0	0	0	0	0

10배 한 수의 십억의 자리는 원래 수의 억 자리의 수인 3입니다.

2

백조	십조	조	천억	백억	십억	억	천만	백만	십만	만	천	백	십	일
7	2	8	3	4	1	6	5	0	0	0	0	0	0	0

1000배 한 수의 십억의 자리는 원래 수의 백만 자리의 수인 1입니다.

3 주어진 수를 10배 한 수의 십억 자리의 숫자는 원래 수의 억 자리의 수인 3이고, 1000배 한 수의 십억 자리 숫자는 원래 수의 백만 자리의 수인 1입니다. 그러므로 두 수를 더하면 4입니다.

15쪽

실전! 서술형!

주어진 수를 100배 한 수는 826480706084900으로 백조의 자리 숫자는 원래 수의 조 자리인 8입니다. 주어진 수를 10000배 한 수는 82648070608490000으로 백조의 자리 숫자는 원래 수의 백억 자리인 6입니다. 그러므로 8과 6을 더하면 14가 됩니다.

16쪽

개념 쏙쏙!

4 <

17쪽

첫걸음 가볍게!

1 비교, 자릿수

2

구분	유산균A	유산균B
자릿수	아홉 자리	열 자리

3 자릿수, 많은, 큰

4 <

5 자릿수, 아홉 자리, 열 자리, 유산균 **B**

18쪽

한 걸음 두 걸음!

1 자릿수를 비교합니다.

2

구분	침대A	침대B	침대C
자릿수	여섯 자리	여섯 자리	일곱 자리

3 큰, 큰, 큰

4 가격이 더 비쌉니다. 가장 큰 자리에서부터 비교해 보면 침대 **A**의 만의 자리 숫자가 침대 **B**보다 더 크므로 침대 **A**의 가격이 더 비쌉니다.

19쪽

도전! 서술형!

1 도시들까지의 거리를 비교하기 위해서는 먼저 자릿수를 비교합니다.

2

구분	베이징	벤쿠버	브라질리아	뉴욕	파리
자릿수	여섯 자리	일곱 자리	여덟 자리	여덟 자리	일곱 자리

3 자릿수가 많은 수가 큽니다.

4 가장 큰 자리에서부터 비교해서 큰 자리의 수가 크면 더 큰 수입니다.

5 각 도시까지의 거리는 여섯 자리의 수인 베이징이 가장 가깝습니다. 그 다음으로는 일곱 자리의 수인 벤쿠버와 파리의 가장 큰 자리의 수를 비교하면 벤쿠버가 8로 더 작습니다. 즉, 두 번째로 가까운 도시는 벤쿠버이고 그 다음으로는 파리가 가깝습니다. 또한, 여덟

자리의 수인 브라질리아와 뉴욕의 가장 큰 자리의 수를 비교하면 같으므로 다음 자리의 수를 비교하면 뉴욕이 1로 더 작습니다. 즉, 네 번째로 가까운 도시는 뉴욕이고 가장 먼 도시는 브라질리아입니다.

(베이징)-(벤쿠버)-(파리)-(뉴욕)-(브라질리아)

20쪽

실전! 서술형!

태양과 행성까지의 거리를 비교하기 위해서는 자릿수를 비교하면 됩니다. 먼저 자릿수가 여덟 자리인 수는 수성이고, 아홉 자리는 금성, 지구, 화성, 목성입니다. 그리고 열 자리는 토성, 천왕성, 해왕성입니다. 같은 자리의 수에서는 큰 자리의 수가 크면 큰 수입니다. 그래서 아홉 자리의 수를 거리가 가까운 순으로 나타내면 금성, 지구, 화성, 목성입니다. 또, 열 자리도 마찬가지로 비교해보면 토성, 천왕성, 해왕성 순입니다.

(수성)-(금성)-(지구)-(화성)-(목성)-(토성)-(천왕성)-(해왕성)

21쪽

Jumping Up! 창의성!

1 6115호

2 백의 자리

3

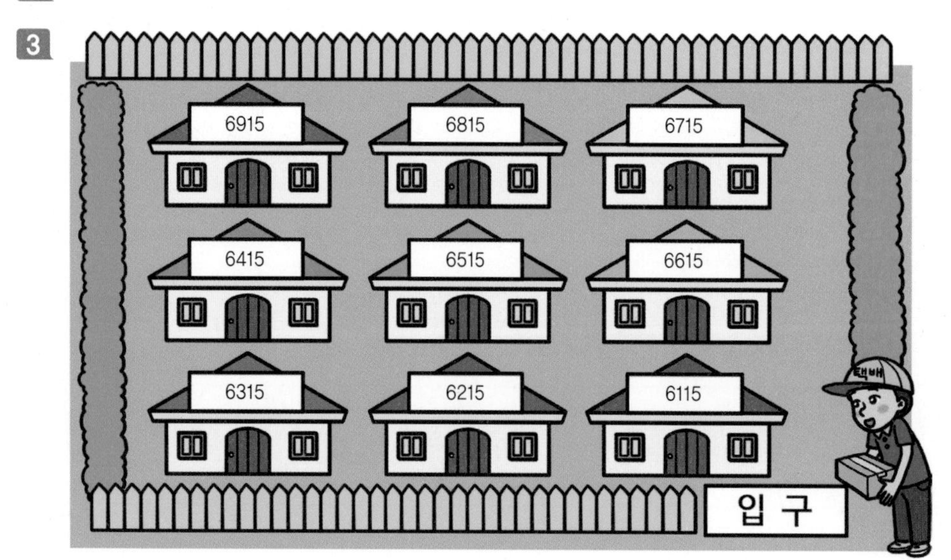

4 마을 입구에서부터 왼쪽으로 ㄹ모양으로 100씩 뛰어 세기를 합니다.

22쪽

1 1조가 627인 627조, 1억이 2083인 2083억, 1만이 9600인 9600만을 모두 합하면 627조 2083억 9600만원이 됩니다.

2 오조 육천이백구십억 사천팔백이십만 사천을 수로 나타내면 5629048204000입니다. 두 수를 비교하면 5629048254000의 만의 자리에서 5가 더 큽니다.

5629048254000 > 오조 육천이백구십억 사천팔백이십만 사천

3 주어진 수를 10배 한 수의 십억 자리는 원래 수의 억 자리인 5입니다. 주어진 수를 1000배 한 수의 십억 자리는 원래 수의 백만 자리인 7입니다. 그러므로 5와 7을 합하면 12가 됩니다.

2. 곱셈과 나눗셈

25쪽 **첫걸음 가볍게!** 

1 10, 2, 10, 2, 600, 10, 6000

2 2, 600, 20, 6000

3 10, 10, 600, 600, 6000, 300, 20, 6000

26쪽 **한 걸음 두 걸음!** 

1 10배이므로, 500의 4배를 계산한 다음 그 값에 10배하면 됩니다. 500의 4배는 2000이고, 2000의 10배는 20000입니다.

2 500×4=2000, 500×40=20000

3 4의 10배이므로, 500의 4배를 계산한 다음 그 값에 10배하면 됩니다. 500의 4배는 2000이고 그 값에 10배하면 20000입니다.
500×40=20000입니다.

27쪽 **도전! 서술형!** 

1 60은 6의 10배이므로 700의 60배는 700의 6배를 계산한 다음 그 값에 10배를 하면 됩니다. 그러므로 700의 6배는 4200이고 4200의 10배는 42000입니다.

2 700×6=4200, 700×60=42000

3 60은 6의 10배이므로 700의 60배는 700의 6배를 계산한 다음 그 값에 10배를 하면 됩니다. 그러므로 700의 6배는 4200이고 4200의 10배는 42000입니다. 즉, 700×60이므로 42000이 됩니다.

27 쪽 **실전! 서술형!** 

50은 5의 10배이므로 900의 50배는 900의 5배를 계산한 다음 그 값에 10배를 하면 됩니다. 그러므로 900의 5배는 4500이고 4500의 10배는 45000입니다. 즉, 900×50이므로 45000이 됩니다.

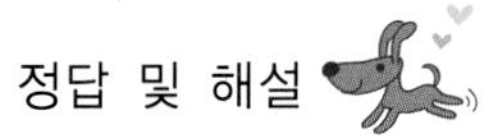

28쪽

개념 쏙쏙!

1

컵 수	1	2	3	4	5	6	7	8	9	10	11	12
구슬 수	20	40	60	80	100	120	140	160	180	200	220	240

3 12, 240, 0

29쪽

첫걸음 가볍게!

1

일	1	2	3	4	5	6	7	8	9	10	11	12	13
읽은 쪽 수	30	60	90	120	150	180	210	240	270	300	330	360	390

13

2 13, 13, 390, 30, 13

3 13, 390, 0, 30, 13, 390

4 13, 13, 390, 30, 13, 13

30쪽

한 걸음 두 걸음!

1

꽃	1	2	3	4	5
필요한 리본	20	40	60	80	100

72㎝의 리본을 사용하여 3개의 꽃을 만들 수 있습니다.

2 3, 60, 12, $20\times3+12=72$

3 3묶음으로 60㎝를 사용합니다. 그리고 남는 리본은 72㎝−60㎝으로 12㎝입니다.

그러므로 리본으로 3개의 꽃을 만들 수 있고 12㎝가 남습니다,

31쪽 **도전! 서술형!**

봉지	1	2	3	4	5	6	7
사탕	16	32	48	64	80	96	112

100개의 사탕을 사용하여 6개의 사탕 봉지를 만들 수 있습니다.

2

$16 \times 4 = 64$

$16 \times 5 = 80$

$\underline{16 \times 6 = 96}$

$16 \times 7 = 112$

$$\begin{array}{r} \boxed{6} \\ 16 \overline{)\,1\,0\,0} \\ \underline{\boxed{9\,6}} \\ 4 \end{array}$$

검산 16×6+4=100

3 100을 16씩 묶으면 6묶음이 되고 4가 남습니다. 즉, 사탕봉지는 6 봉지를 만들 수 있고 남는 사탕은 4개입니다.

32쪽 **실전! 서술형!**

학생 수	1	2	3	4	5	6	7	8	9	10	11	12	13	14	15
연필 수(5자루)	5	10	15	20	25	30	35	40	45	50	55	60	65	70	75
연필 수(6자루)	6	12	18	24	30	36	42	48	54	60	66	72	78	84	90

한 사람에게 5자루씩 주면 15명일 때 75자루이므로 주어진 연필이 남게 됩니다. 그러므로 한 사람에게 6자루씩 주면 90자루가 사용되고 82자루만 있으므로 연필을 남김없이 똑같이 나누어주는 경우 필요한 연필은 8자루입니다.

33쪽 **개념 쏙쏙!**

2 3, 42, 5

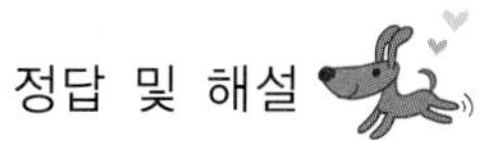

34쪽

첫걸음 가볍게!

1 12, 12, 8

2 8, 8, 7

3 어떤 수 □는 7이므로, $56\times7=392$. $392\div12=32\cdots8$이 됩니다. 그러므로 몫은 32, 나머지는 8입니다.

35쪽

한 걸음 두 걸음!

1 $7\square4\div18=4\triangle$, $4\triangle\times18=7\square4$

2 $8\times3=24$, $8\times8=64$

3 $43\times18=774$, $48\times18=864$

그러므로 동생이 지워버린 숫자는 7과 3입니다.

36쪽

도전! 서술형!

$$\begin{array}{r} 5 \\ 40\overline{)203} \\ 200 \\ \hline 3 \end{array}$$

203 안에 40이 5번 들어가므로 몫은 5가 되고 나머지는 3이 됩니다.

37쪽

실전! 서술형!

지현 : 나머지가 나누는 수보다 큽니다. 몫을 18로 하면 나머지는 2가 됩니다.

$$\begin{array}{r} 18 \\ 25\overline{)452} \\ 25 \\ \hline 202 \\ 200 \\ \hline 2 \end{array}$$

승훈 : 몫이 210이 아니라 21이 되고 나머지가 32가 되어야 합니다.

$$\begin{array}{r} 21 \\ 37\overline{)809} \\ \underline{74} \\ 69 \\ \underline{37} \\ 32 \end{array}$$

나의 실력은?

38쪽

1 80은 8의 10배이므로 500의 80배는 500의 8배를 계산한 다음 그 값에 10배를 하면 됩니다. 그러므로 500의 8배는 4000이고 4000의 10배는 40000입니다. 즉, 500×80이므로 40000이 됩니다.

2 400의 6배는 2400이므로 6의 10배인 60을 곱하면 24000이 됩니다. 그러므로 첫 번째 □에 들어갈 수는 60입니다. 그리고 800의 3배는 2400이므로 10배인 30을 곱하면 24000이 됩니다. 그러므로 두 번째 □에 들어갈 수는 800입니다.

3

$$\begin{array}{r} 8 \\ 12\overline{)100} \\ \underline{96} \\ 4 \end{array}$$

나머지가 나누는 수보다 큽니다. 몫을 8로 하면 나머지는 4가 됩니다.

3. 각도와 삼각형

40쪽

개념 쏙쏙!

2 작습니다

3 바깥쪽

41쪽

첫걸음 가볍게!

1 각도

2 큽니다

3 중심, 꼭짓점, 밑금, 한 변에 맞춘 뒤 밑금의 0°, 안쪽

4 105°

5 105°

6 중심, 꼭짓점, 밑금, 한 변에 맞춘 뒤 밑금의 0°, 안쪽, 105°

42쪽

한 걸음 두 걸음!

1 작습니다

2 각도기의 중심을 각의 꼭짓점에 맞추고 각도기의 밑금을 각의 한 변에 맞춘 뒤 밑금의 0°부터 올라가서 각의 나머지 변과 만나는, 50°

43쪽

도전! 서술형!

1 시계의 긴바늘과 짧은바늘이 이루는 각도

2 각도기를 사용하여 각의 크기를 잴 때에는 각도기의 중심을 각의 꼭짓점에 맞추고 각도기의 밑금을 각의 한 변에 맞춘 뒤 밑금의 0°부터 올라가서 각의 나머지 변과 만나는 각도기의 눈금을 읽으면 120°입니다.

44쪽

실전! 서술형!

각도기의 중심을 각의 꼭짓점에 맞추고 각도기의 밑금을 각의 한 변에 맞춘 뒤 밑금의 0°부터 올라가서 각의 나머지 변과 만나는 각도기의 눈금을 읽으면 35°입니다.

46쪽 **첫걸음 가볍게!** 

1 ① 180°

② 180°－50°－80°=50°

2 ① 곧은선, 180°, 180°

② 180°－50°=130°

3 삼각형, 180°, 삼각형, 180°－50°－80°=50°, 곧은선, 180°, 180°－50°=130°

47쪽 **한 걸음 두 걸음!** 

1 ① 360°

② ㉠ = 360°－100°－50°－150°= 60°

2 ① 곧은선이 되었을 때의 각도는 180°, 180°

② ㉡ = 180°－60°= 120°

3 사각형 네 각의 합은 360°, 사각형, 360°－100°－50°－150°= 60°, 곧은선이 되었을 때의 각도는 180°, 180°－60°= 120°

48쪽 **도전! 서술형!** 

1 곧은선이 되었을 때의 각도는 180°이므로 ㉠=180°－110°= 70°입니다.

2 사각형 네 각의 합은 360°이므로 사각형의 나머지 한 각의 크기

㉡=360°－㉠－85°－125°=360°－70°－85°－125°= 80°입니다.

3 곧은선이 되었을 때의 각도는 180°이므로 ㉠=180°－110°= 70°입니다.

사각형 네 각의 합은 360°이므로 ㉡=360°－㉠－85°－125°=360°－70°－85°－125°=80°입니다.

곧은선이 되었을 때의 각도는 180°이므로 ㉢=180°－㉡=180°－80°=100°입니다.

49쪽 **실전! 서술형!** 

직선 위의 한 점을 꼭짓점으로 하는 각의 크기는 180°이므로 ㉠=180°－140°= 40°입니다.

사각형 네 각의 합은 360°이므로 ㉡=360°－㉠－80°－155°=360°－40°－80°－155°=85°입니다.

곧은선이 되었을 때의 각도는 180°이므로 ㉢=180°－㉡=180°－85°=95°입니다.

51쪽

첫걸음 가볍게!

1 14cm−9cm = 9cm

2 두 변의 길이가 같은 이등변

3 ① 이등변삼각형, 각ㄱㄴㄷ, 각ㄴㄷㄱ, 같습니다

② 40°

③ 180°, 180°− 40°− 40°= 100°

4 32cm − 14cm − 9cm = 9cm, 두 변의 길이가 같은 이등변, 이등변, 각ㄱㄴㄷ, 각ㄴㄷㄱ, 같습니다, 180°, 180°− 40°− 40°= 100°

52쪽

한 걸음 두 걸음!

1 34cm −12cm−11cm = 11cm

2 삼각형ㄱㄴㄷ, 두 변의 길이가 같은 이등변

3 ① 이등변삼각형, 각ㄴㄱㄷ과 각ㄴㄷㄱ은 크기가 같습니다

② 55°

③ 180°이므로 각 ㄱㄴㄷ의 크기는 180°− 55°− 55°= 70°

4 34cm − 12cm −11cm = 11cm, 두 변의 길이가 같은 이등변, 이등변, 각ㄴㄱㄷ과 각ㄴㄷㄱ은 크기가 같습니다, 180°, 180°− 55°− 55°= 70°

53쪽

도전! 서술형!

나머지 변의 길이는 78cm − 36cm − 21cm = 21cm 이므로 삼각형 ㄱㄴㄷ은 두 변의 길이가 같은 이등변삼각형입니다.

삼각형 ㄱㄴㄷ은 이등변삼각형이므로 각ㄱㄴㄷ과 각ㄴㄱㄷ은 크기가 같습니다.

삼각형 세 각의 합은 180°이므로 각ㄴㄷㄱ의 크기는 180°− 30°− 30°= 120°입니다.

54쪽

실전! 서술형!

나머지 변의 길이는 85cm - 33cm - 26cm = 26cm 이므로 삼각형 ㄱㄴㄷ은 두 변의 길이가 같은 이등변삼각형입니다.

삼각형 ㄱㄴㄷ은 이등변삼각형이므로 각ㄱㄴㄷ과 각ㄴㄷㄱ은 크기가 같습니다.

삼각형 세 각의 합은 180°이므로 각ㄴㄱㄷ의 크기는 180°- 50°- 50°= 80°입니다.

55쪽

Jumping Up! 창의성!

1. 180°, 180°, 50°, 130°

2. 130°, 65°

3. 360°, 360°, 65°, 115°

4. 180°, 180°, 180°, 115°, 65°

5. 360°, 360°, 360°, 65°, 65°, 140°

나의 실력은?

56쪽

1 각도기의 중심을 각의 꼭짓점에 맞추고 각도기의 밑금을 각의 한 변에 맞춘 뒤 밑금의 0°부터 올라가서 각의 나머지 변과 만나는 각도기의 눈금을 읽으면 110°입니다.

2 곧은선이 되었을 때의 각도는 180°이므로 ㉠ = 180°- 110°=70°입니다.

삼각형 세 각의 합은 180°이므로 삼각형의 나머지 한 각의 크기는 ㉡ = 180°- 60°- 70°= 50°입니다.

곧은선이 되었을 때의 각도는 180°이므로 ㉢ = 180°- ㉡ = 180°- 50° = 130°입니다.

3 나머지 변의 길이는 44cm - 20cm - 12cm = 12cm 이므로 삼각형 ㄱㄴㄷ은 두 변의 길이가 같은 이등변삼각형입니다.

삼각형 ㄱㄴㄷ은 이등변삼각형이므로 각ㄱㄴㄷ과 각ㄴㄷㄱ은 크기가 같습니다.

삼각형 세 각의 합은 180°이므로 각ㄴㄱㄷ의 크기는 180°- 35°- 35°= 110°입니다.

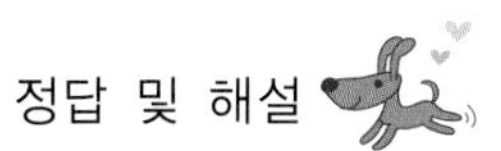

4. 분수의 덧셈과 뺄셈

58쪽

개념 쏙쏙!

2 2, 1, 2, 3, 3, 5, 3, 1, 1, 4, 1

3 10, 7, 17, 4, 1

59쪽

첫걸음 가볍게!

1
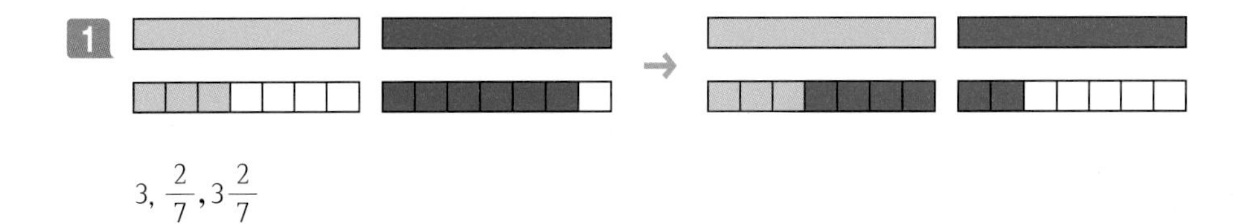

3, $\frac{2}{7}$, $3\frac{2}{7}$

2 1+1, $\frac{3}{7}+\frac{6}{7}$, 2, $\frac{9}{7}$, 2, $1\frac{2}{7}$, $3\frac{2}{7}$

자연수는 자연수, 분수는 분수, 2, $\frac{9}{7}$, 가분수를 대분수, $3\frac{2}{7}$

3 $\frac{10}{7}$, $\frac{13}{7}$, $\frac{23}{7}$, $3\frac{2}{7}$

대분수, 가분수, 분자, $\frac{1}{7}$, 23, $\frac{23}{7}$, 가분수를 대분수, $3\frac{2}{7}$

60쪽

한 걸음 두 걸음!

1
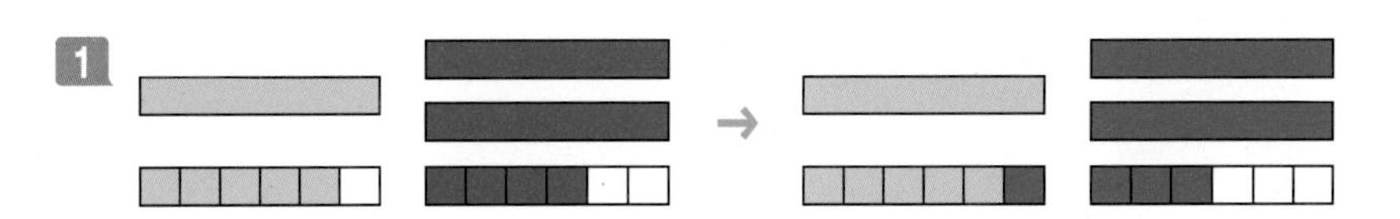

4kg과 $\frac{3}{6}$kg 이므로 $4\frac{3}{6}$kg

2 $(1+2)+(\frac{5}{6}+\frac{4}{6})=3+\frac{9}{6}=3+1\frac{3}{6}=4\frac{3}{6}$

자연수는 자연수, 분수는 분수, 자연수 부분은 3, 분수 부분은 $\frac{9}{6}$, 가분수를 대분수로 나타내면 $4\frac{3}{6}$ kg

3 $\frac{11}{6}+\frac{16}{6}=\frac{27}{6}=4\frac{3}{6}$

대분수, 가분수, 분자끼리 더하면 $\frac{1}{6}$이 27개이므로 $\frac{27}{6}$, 가분수를 대분수로 나타내면 $4\frac{3}{6}$ kg

61쪽

도전! 서술형!

1

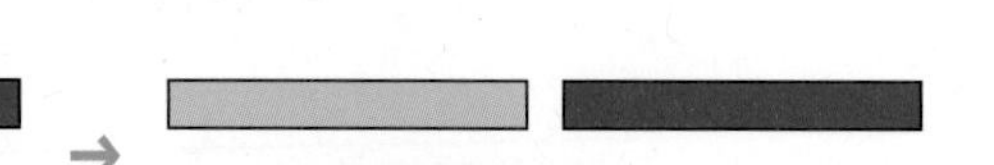

다희가 어제와 오늘 공부한 시간은 3시간과 $\frac{1}{8}$ 시간이므로 $3\frac{1}{8}$ 시간입니다.

2 $1\frac{3}{8}+1\frac{6}{8}=(1+1)+(\frac{3}{8}+\frac{6}{8})=2+\frac{9}{8}=2+1\frac{1}{8}=3\frac{1}{8}$

자연수는 자연수끼리, 분수는 분수끼리 더하면 자연수 부분은 2, 분수 부분은 $\frac{9}{8}$가 됩니다. 그리고 가분수를 대분수로 바꾸어 더하면 $3\frac{1}{8}$ 시간입니다.

3 $1\frac{3}{8}+1\frac{6}{8}=\frac{11}{8}+\frac{14}{8}=\frac{25}{8}=3\frac{1}{8}$

대분수를 모두 가분수로 바꾸어 분자끼리 더하면 $\frac{1}{8}$이 25개이므로 $\frac{25}{8}$가 됩니다. 그리고 가분수를 대분수로 나타내면 $3\frac{1}{8}$ 시간입니다.

62쪽

실전! 서술형!

민희가 딴 포도의 양을 그림으로 나타내보면

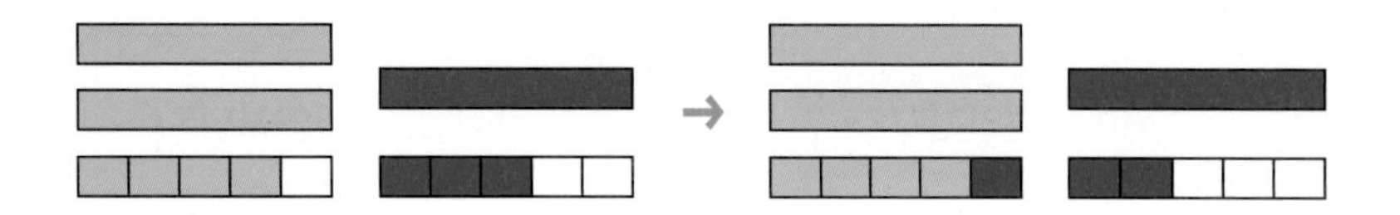

민희가 딴 포도의 양은 4kg과 $\frac{2}{5}$ kg 이므로 $4\frac{2}{5}$ kg입니다.

민희가 딴 포도의 양을 식으로 나타내보면 $2\frac{4}{5}+1\frac{3}{5}=(2+1)+(\frac{4}{5}+\frac{3}{5})=3+\frac{7}{5}=3+1\frac{2}{5}=4\frac{2}{5}$

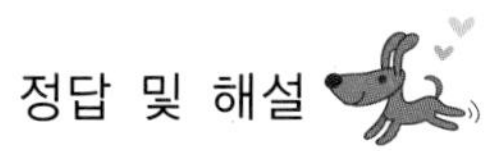

자연수는 자연수끼리, 분수는 분수끼리 더하면 자연수 부분은 3, 분수 부분은 $\frac{7}{5}$가 됩니다. 그리고 가분수를 대분수로 바꾸어 더하면 $4\frac{2}{5}$kg 입니다.

또 다른 방법으로는 나타내보면 $2\frac{4}{5}+1\frac{3}{5}=\frac{14}{5}+\frac{8}{5}=\frac{22}{5}=4\frac{2}{5}$ 대분수를 모두 가분수로 바꾸어 분자끼리 더하면 $\frac{1}{5}$이 22개이므로 $\frac{22}{5}$가 됩니다. 그리고 가분수를 대분수로 나타내면 $4\frac{2}{5}$kg입니다.

63쪽

개념 쏙쏙!

2 5, 2, 1, 5, 3, 1, 2, 1, 2,

3 13, 7, 6, 1, 2,

64 쪽

첫걸음 가볍게!

1

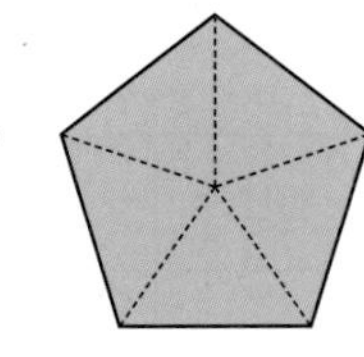
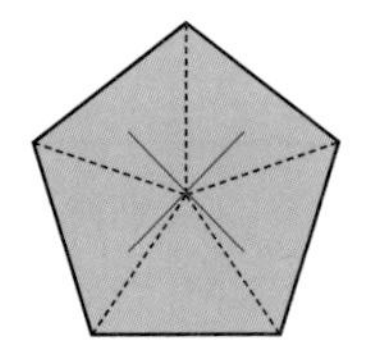
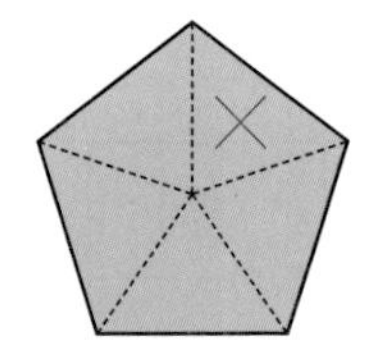
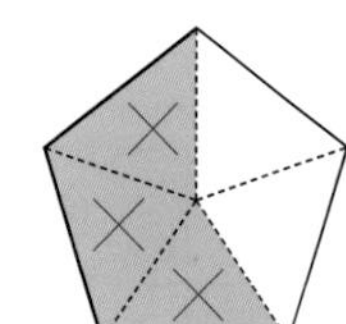

2, $\frac{3}{5}$, $2\frac{3}{5}$

2 $3\frac{8}{5}$, $1\frac{4}{5}$, 3−1, $\frac{8}{5}-\frac{4}{5}$, 2, $\frac{4}{5}$, $2\frac{4}{5}$

자연수, 1만큼, 가분수, $3\frac{8}{5}$, 자연수는 자연수, 분수는 분수, $2\frac{4}{5}$

3 $\frac{23}{5}$, $\frac{9}{5}$, $\frac{14}{5}$, $2\frac{4}{5}$

대분수, 가분수, 분자, $\frac{1}{5}$, 14개, $\frac{14}{5}$, 가분수를 대분수, $2\frac{4}{5}$

65쪽

한 걸음 두 걸음!

1

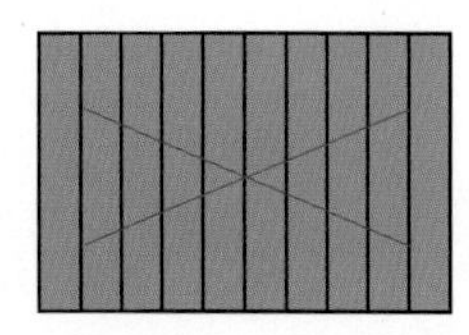 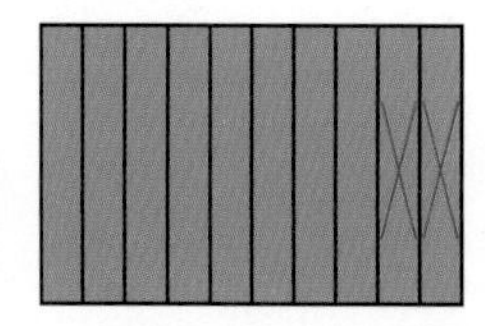 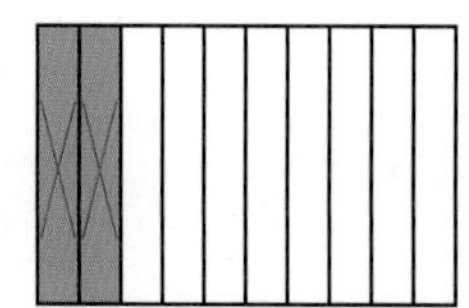

1과 $\frac{8}{10}$ 이므로 $1\frac{8}{10}$

2 $2\frac{12}{10}-1\frac{4}{10}=(2-1)+(\frac{12}{10}-\frac{4}{10})=1+\frac{8}{10}=1\frac{8}{10}$

자연수, 1만큼, 가분수, $2\frac{12}{10}$가 되어 자연수는 자연수끼리, 분수는 분수끼리 빼면 $1\frac{8}{10}$

3 $\frac{32}{10}-\frac{14}{10}=\frac{18}{10}=1\frac{8}{10}$

대분수, 가분수, 분자끼리 빼면 $\frac{1}{10}$이 18개이므로 $\frac{18}{10}$, 가분수를 대분수로 나타내면 $1\frac{8}{10}$

66쪽

도전! 서술형!

1

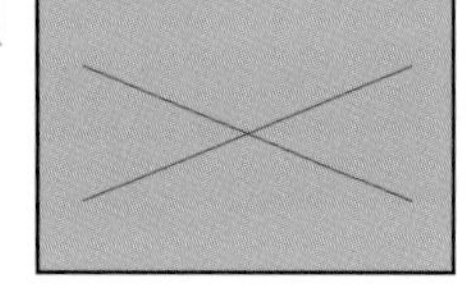 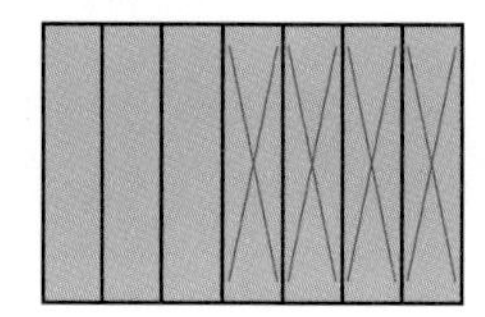 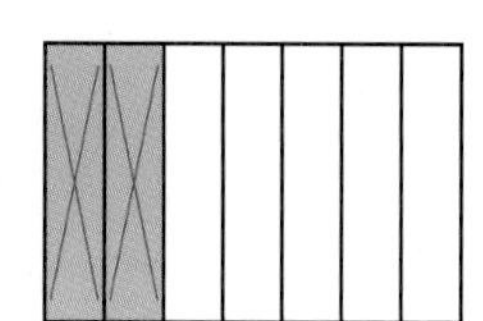

예은이에게 남은 포장 끈의 길이는 $\frac{3}{7}$m입니다.

2 $3\frac{2}{7}-2\frac{6}{7}=2\frac{9}{7}-2\frac{6}{7}=(2-2)+(\frac{9}{7}-\frac{6}{7})=\frac{3}{7}$

$3\frac{2}{7}$의 자연수에서 1만큼을 가분수로 만들면 $2\frac{9}{7}$가 되어 자연수는 자연수끼리, 분수는 분수끼리 빼면 $\frac{3}{7}$m입니다.

3 $3\frac{2}{7}-2\frac{6}{7}=\frac{23}{7}-\frac{20}{7}=\frac{3}{7}$

대분수를 모두 가분수로 바꾸어 분자끼리 빼면 $\frac{1}{7}$이 3개이므로 $\frac{3}{7}$m입니다.

67쪽

실전! 서술형!

수빈이가 걸어간 거리를 그림으로 나타내보면

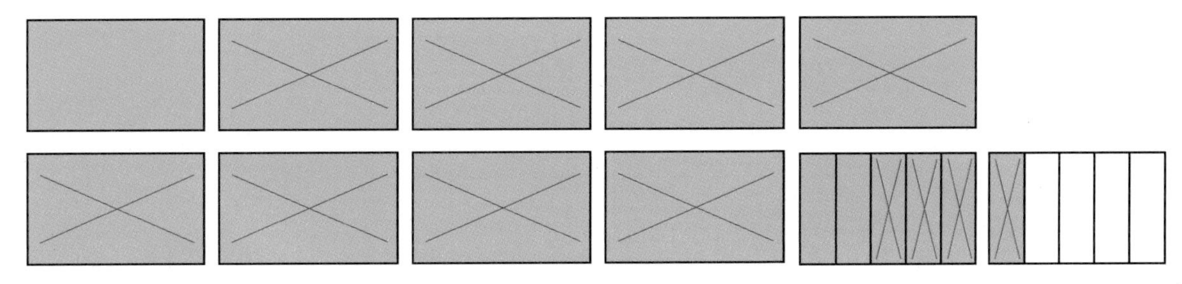

수빈이가 걸어간 거리는 1km와 $\frac{2}{5}$km이므로 1$\frac{2}{5}$km입니다.

수빈이가 걸어간 거리를 식으로 나타내보면 $10\frac{1}{5}-8\frac{4}{5}=9\frac{6}{5}-8\frac{4}{5}=(9-8)+(\frac{6}{5}-\frac{4}{5})=1+\frac{2}{5}=1\frac{2}{5}$

$10\frac{1}{5}$의 자연수에서 1만큼을 가분수로 만들면 $9\frac{6}{5}$이 되어 자연수는 자연수끼리, 분수는 분수끼리 빼면 $1\frac{2}{5}$입니다.

또 다른 방법으로는 나타내보면 $10\frac{1}{5}-8\frac{4}{5}=\frac{51}{5}-\frac{44}{5}=\frac{7}{5}=1\frac{2}{5}$

대분수를 모두 가분수로 바꾸어 분자끼리 빼면 $\frac{1}{5}$이 7개이므로 $\frac{7}{5}$이며 가분수를 대분수로 나타내면 $1\frac{2}{5}$입니다.

69 쪽

첫걸음 가볍게!

1 어떤 수, $2\frac{3}{5}$

2 ① $2\frac{3}{5}$, $2\frac{4}{5}$

② $2\frac{4}{5}$, $2\frac{3}{5}$, 2+2, $\frac{4}{5}+\frac{3}{5}$, 4, $\frac{7}{5}$, 4, $1\frac{2}{5}$, $5\frac{2}{5}$

3 $5\frac{2}{5}$, $2\frac{3}{5}$, 5+2, $\frac{2}{5}+\frac{3}{5}$, 7, $\frac{5}{5}$, 7, 1, 8

4 $2\frac{3}{5}$, $2\frac{4}{5}$

$2\frac{4}{5}$, $2\frac{3}{5}$, 2+2, $\frac{4}{5}+\frac{3}{5}$, 4, $\frac{7}{5}$, 4, $1\frac{2}{5}$, $5\frac{2}{5}$

$5\frac{2}{5}$, $2\frac{3}{5}$, 5+2, $\frac{2}{5}+\frac{3}{5}$, 7, $\frac{5}{5}$, 7, 1, 8

70쪽

한 걸음 두 걸음!

1 어떤 수에 $1\frac{4}{6}$를 뺀 값

2 ① ☆+$1\frac{4}{6}=5\frac{1}{6}$

② $5\frac{1}{6}$와 $1\frac{4}{6}$의 차

$5\frac{1}{6}-1\frac{4}{6}=4\frac{7}{6}-1\frac{4}{6}=(4-1)+(\frac{7}{6}-\frac{4}{6})=3+\frac{3}{6}=3\frac{3}{6}$

3 $3\frac{3}{6}-1\frac{4}{6}=2\frac{9}{6}-1\frac{4}{6}=(2-1)+(\frac{9}{6}-\frac{4}{6})=1+\frac{5}{6}=1\frac{5}{6}$

4 ☆+$1\frac{4}{6}=5\frac{1}{6}$

$5\frac{1}{6}$와 $1\frac{4}{6}$의 차이므로 $5\frac{1}{6}-1\frac{4}{6}=4\frac{7}{6}-1\frac{4}{6}=(4-1)+(\frac{7}{6}-\frac{4}{6})=3+\frac{3}{6}=3\frac{3}{6}$

$3\frac{3}{6}-1\frac{4}{6}=2\frac{9}{6}-1\frac{4}{6}=(2-1)+(\frac{9}{6}-\frac{4}{6})=1+\frac{5}{6}=1\frac{5}{6}$

71쪽

도전! 서술형!

1 어떤 수에 $2\frac{6}{7}$를 뺀 값입니다.

2 어떤 수를 □라고 하면 □+$2\frac{6}{7}=6\frac{5}{7}$이고 어떤 수 □는 $6\frac{5}{7}$와 $2\frac{6}{7}$의 차이므로

□=$6\frac{5}{7}-2\frac{6}{7}=5\frac{12}{7}-2\frac{6}{7}=(5-2)+(\frac{12}{7}-\frac{6}{7})=3+\frac{6}{7}=3\frac{6}{7}$ 입니다.

3 $3\frac{6}{7}-2\frac{6}{7}=(3-2)+(\frac{6}{7}-\frac{6}{7})=1$

4 어떤 수를 □라고 하면 □+$2\frac{6}{7}=6\frac{5}{7}$ 입니다.

어떤 수 □는 $6\frac{5}{7}$와 $2\frac{6}{7}$의 차이므로 □=$6\frac{5}{7}-2\frac{6}{7}=5\frac{12}{7}-2\frac{6}{7}=(5-2)+(\frac{12}{7}-\frac{6}{7})=3+\frac{6}{7}=3\frac{6}{7}$ 입니다.

바르게 계산하면 $3\frac{6}{7}-2\frac{6}{7}=(3-2)+(\frac{6}{7}-\frac{6}{7})=1$입니다.

72쪽

실전! 서술형!

구하려고 하는 것은 어떤 수에 $9\frac{9}{11}$를 뺀 값입니다.

어떤 수를 □라고 하면 $\square+9\frac{9}{11}=27\frac{3}{11}$이고 어떤 수 □는 $27\frac{3}{11}$와 $9\frac{9}{11}$의 차이므로

$\square=27\frac{3}{11}-9\frac{9}{11}=26\frac{14}{11}-9\frac{9}{11}=(26-9)+(\frac{14}{11}-\frac{9}{11})=17+\frac{5}{11}=17\frac{5}{11}$ 입니다.

바르게 계산하면 $17\frac{5}{11}-9\frac{9}{11}=16\frac{16}{11}-9\frac{9}{11}=(16-9)+(\frac{16}{11}-\frac{9}{11})=7+\frac{7}{11}=7\frac{7}{11}$ 입니다.

73쪽

Jumping Up! 창의성!

1 자연수, 분자, 9, 7, $9\frac{7}{10}$

2 자연수, 분자, 2, 3, $2\frac{3}{10}$

3 $9\frac{7}{10}+2\frac{3}{10}=(9+2)+(\frac{7}{10}+\frac{3}{10})=11+\frac{10}{10}=12$

자연수는 자연수끼리, 분수는 분수끼리 더하면 자연수 부분은 11, 분수 부분은 $\frac{10}{10}$이 되어 12입니다.

또는 $9\frac{7}{10}+2\frac{3}{10}=\frac{97}{10}+\frac{23}{10}=\frac{120}{10}=12$

대분수를 모두 가분수로 바꾸어 분자끼리 더하면 $\frac{1}{10}$이 120개이므로 $\frac{120}{10}$이 되어 12입니다.

74쪽

나의 실력은?

1 1)

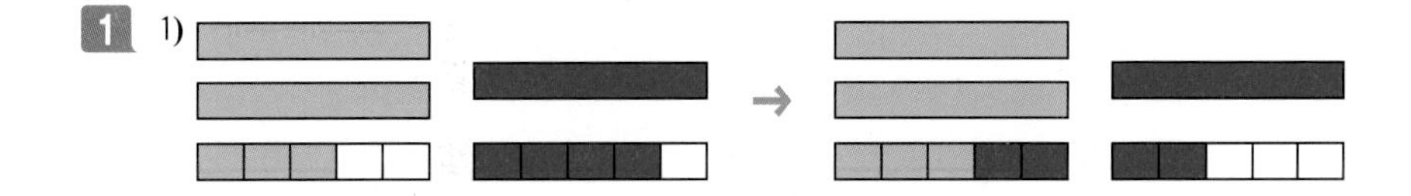

성희가 달린 거리는 4바퀴와 $\frac{2}{5}$바퀴이므로 $4\frac{2}{5}$바퀴입니다.

2) $2\frac{3}{5}+1\frac{4}{5}=(2+1)+(\frac{3}{5}+\frac{4}{5})=3+\frac{7}{5}=3+1\frac{2}{5}=4\frac{2}{5}$

자연수는 자연수끼리, 분수는 분수끼리 더하면 자연수 부분은 3, 분수 부분은 $\frac{7}{5}$이 됩니다. 그리고 가분수를 대분수로 바꾸어 더하

면 $4\frac{2}{5}$ 바퀴입니다.

3) $2\frac{3}{5}+1\frac{4}{5}=\frac{13}{5}+\frac{9}{5}=\frac{22}{5}=4\frac{2}{5}$

대분수를 모두 가분수로 바꾸어 분자끼리 더하면 $\frac{1}{5}$이 22개이므로 $\frac{22}{5}$가 됩니다. 그리고 가분수를 대분수로 나타내면 $4\frac{2}{5}$ 바퀴입니다.

2 1)

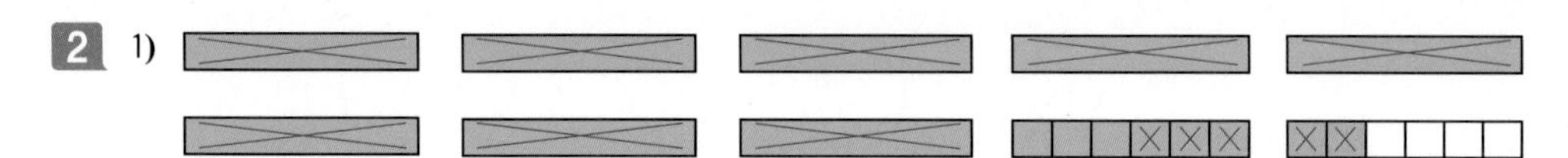

남학생들의 취침시간이 $\frac{3}{6}$시간 더 많다.

2) $9\frac{2}{6}-8\frac{5}{6}=8\frac{8}{6}-8\frac{5}{6}=(8-8)+(\frac{8}{6}-\frac{5}{6})=\frac{3}{6}$

$9\frac{2}{6}$의 자연수에서 1만큼을 가분수로 만들면 $8\frac{8}{6}$이 되어 자연수는 자연수끼리, 분수는 분수끼리 빼면 $\frac{3}{6}$시간입니다.

3) $9\frac{2}{6}-8\frac{5}{6}=\frac{56}{6}-\frac{53}{6}=\frac{3}{6}$

대분수를 모두 가분수로 바꾸어 분자끼리 빼면 $\frac{1}{6}$이 3개이므로 $\frac{3}{6}$시간입니다.

3 구하는 것은 어떤 수에 $7\frac{8}{9}$를 뺀 값입니다.

어떤 수를 □라고 하면 $□+7\frac{8}{9}=20\frac{1}{9}$이고 어떤 수 □는 $20\frac{1}{9}$과 $7\frac{8}{9}$의 차이므로

$□=20\frac{1}{9}-7\frac{8}{9}=19\frac{10}{9}-7\frac{8}{9}=(19-7)+(\frac{10}{9}-\frac{8}{9})=12+\frac{2}{9}=12\frac{2}{9}$ 입니다.

바르게 계산하면 $12\frac{2}{9}-7\frac{8}{9}=11\frac{11}{9}-7\frac{8}{9}=(11-7)+(\frac{11}{9}-\frac{8}{9})=4+\frac{3}{9}=4\frac{3}{9}$ 입니다.

5. 혼합계산

76쪽

개념 쏙쏙!

1 앞, ( ), 곱셈

2 가. 55, 12, 67　나 11, 22, 38

3 가, 나

정리해 볼까요? 가 = 55+ 12 = 67　　나 = 60 − 11 × 2 = 60 − 22 = 38　　가가 나보다 큽니다.

77쪽

첫걸음 가볍게!

1 ① 32　② 8+6　③ 32−(8+6)

2 ① 32−8　② (32−8)+6

3 가. 32−(8+6), 14, 18　나. (32−8)+6, 24, 30

4 나, 가

5 가. 32−(8+6)=32-14=18　나. (32−8)+6=24+6=30　　나가 가보다 큽니다.

78쪽

한 걸음 두 걸음!

1 ① 80 ② 9-4 ③ (9-4)×3 ④ 80- (9-4)×3

2 ① 20×4 ② 5×2 ③ (20×4) -(5×2)

3
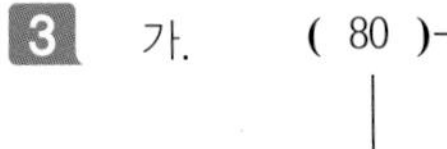

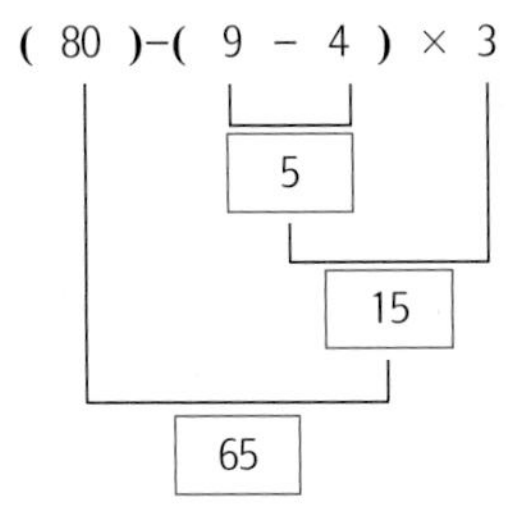

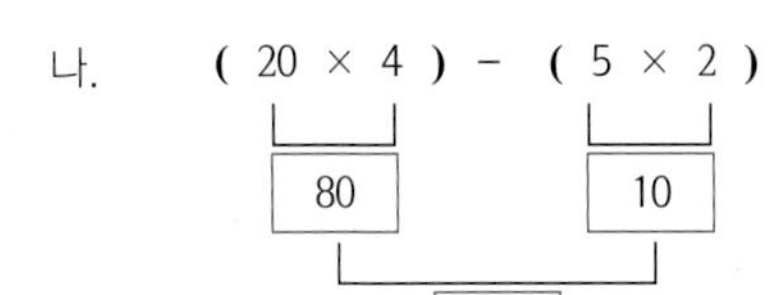

4 나, 가

5 가 80- (9 - 4)×3 = 80-5×3=80- 15=65　　나 (20×4) -(5×2) = 80- 10= 70

그래서 나가 가보다 큽니다.

79쪽

도전! 서술형!

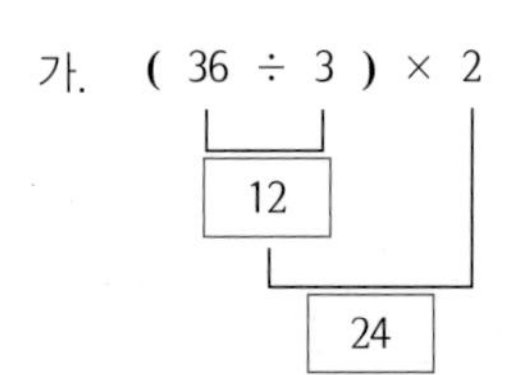

나. 36 ÷ (3 × 2)

6

6

그래서 가가 나보다 큽니다.

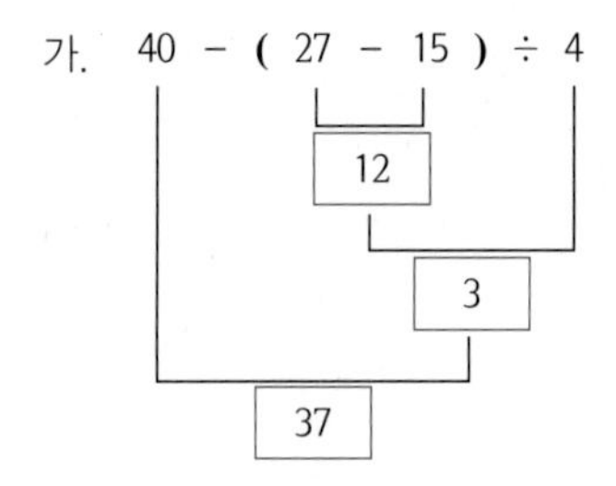

나. (40 ÷ 4) + (16 ÷ 2)

10 8

18

그래서 가가 나보다 큽니다.

80쪽

실전! 서술형!

1 가 (54 +16)−(84 ÷7)×3 = 70−12×3=70−36=34

나 10+(15×9)÷5= 10+135÷5=10+27=37

그래서 나가 가보다 큽니다.

81쪽

개념 쏙쏙!

1 ×, +, 48+3, 51

2 ×, +, 45+5, 50

3 51, 50, 혜지, 혜민

정리해 볼까요? ×, +, 51, ×, +, 50, 51, 50, 혜지, 혜민

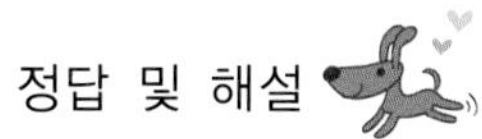

82쪽

첫걸음 가볍게!

1 ×, −, 66, −, 60

2 ×, +, 44, +, 53

3 60, 53, 지혜, 민혜

4 ×, −, 60, ×, +, 53, 60, 53, 지혜, 민혜

83쪽

한 걸음 두 걸음!

1 200

2 ×, +, 30+6, 36

3 200, ×, +, 200, 36, 164

4 10×3+6=30+6=36, 200−(10×3+6)=200−36=164, 164

84쪽

도전! 서술형!

 2000+(1000×3)−1500= 2000+3000−1500=5000−1500=3500, 3500

 혜지: 10000×3+6000= 30000+6000=36000

혜민: 5000×4+7000=20000+7000=27000

용돈의 차: 36000−27000=9000

혜지, 혜민, 9000

85쪽

실전! 서술형!

(처음 저금되어 있던 돈)+ (용돈으로 받은 돈)−(사용한 돈)

= 6350+(1000×3+500×3)−1200

= 6350+ (3000+1500)−1200

= 6350+4500−1200

= 10850−1200

= 9650

오늘까지 저금이 되어 있는 돈은 9650원입니다.

※ ( )없이 혼합 계산식을 쓴다면 곱셈을 먼저 해결한 후 차례대로 문제를 해결합니다.

$6350+1000\times3+500\times3-1200=6350+3000+1500-1200=9350+1500-1200$

$=10850-1200=9650$

86쪽 **개념 쏙쏙!** 

1 30, ① 6, 6, 500, 6 ② 2, 2, 1500, 2 ③ 3, 1, 500, 3, 1500, 1

2 ③

3 500, 3, 1500, 1, 1500, 1500, 3000

4 3000

정리해 볼까요? 3, 1, 500, 3, 1500, 1, 1500, 1500, 3000, 3000

87쪽 **첫걸음 가볍게!** 

1 14 ① 7, 30, 7 ② 14, 14, 2, 14, 30, 2, 14

2 ②

3 30, 2, 14, 15, 210

4 210

5 14, 14, 2, 14, 30, 2, 14, 15, 210

88쪽 **한 걸음 두 걸음!** 

1 3, 810

2 810, 3, 270

3 5, 8, 810, 3, 13, 270, 3510

4 3510

5 810, 3, 270, 5, 8, 810, 3, 13, 270, 3510, 3510

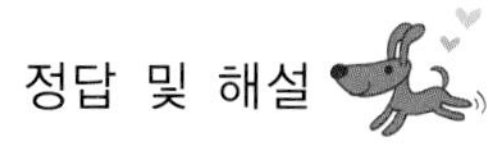

89쪽

도전! 서술형!

 1, 1, 1, 1, 1, 2, 1, 4×1+4÷2×1, =4+2×1=4+2=6, 6㎜

 10, 4000, 10, 9000, 15, = 9000−(4000÷10)×15=9000−400×15= 9000−6000=3000, 3000원

90쪽

실전! 서술형!

1 비밀 번호를 혼합 계산식으로 나타내면

((수정이 생일의 수)−(오늘의 날짜))×(오늘이 날짜의 각 자리 숫자의 차)

=(920−25)×(5−2)=895×3=2685

비밀 번호는 2685입니다.

91쪽

Jumping Up! 창의성!

식	답	식	답
2×3−4−1	1	4×2−(3−1)	6
1×2×(4−3)	2	4+3×(2−1)	7
(4−1)×(3−2)	3	4÷2×(3+1)	8
4×2÷(3−1)	4	3×4−2−1	9
4÷2+3×1	5	3×2+4×1	10

※이외에도 혼합 계산식이 있을 수 있습니다.

나의 실력은?

92쪽

1 가.

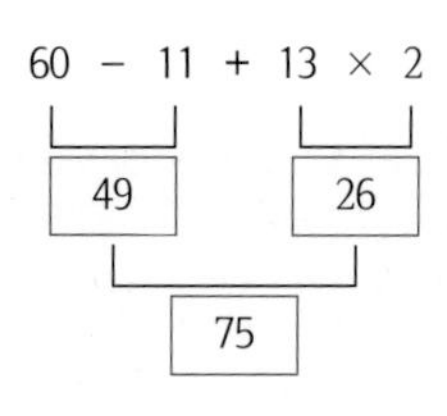

나.

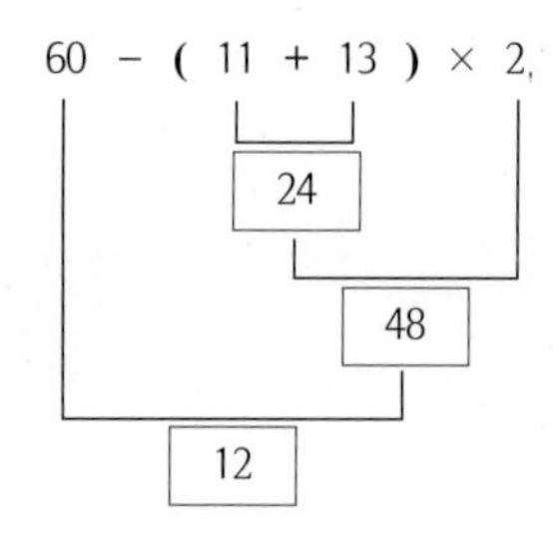

혹은 가. $60-11+13\times2=60-11+26=49+26=75$

나. $60-(11+13)\times2=60-24\times2=60-48=12$

그래서 가가 나보다 큽니다.

2 가. $(24+16)-(84\div7)\times3=40-12\times3=40-36=4$

나. $10+(5\times9)\div5=10+45\div5=10+9=19$

나가 가보다 더 큽니다.

3 카레 4인분을 만들려면 감자, 양파, 당근 각각 4인분이 필요합니다.

(감자 4인분 값)+(양파 4인분 값)+(당근 4인분 값)

=(감자 4인분 값)+(양파 2인분 값)×2+(당근 8인분 값)÷2

$=2400+1000\times2+2400\div2=2400+2000+1200=4400+1200=5600$

5600원이 필요합니다.

6. 막대그래프

94쪽

개념 쏙쏙!

1 요일, 책 권수

2 1

3 (책 권수) / (요일)

4 권

5

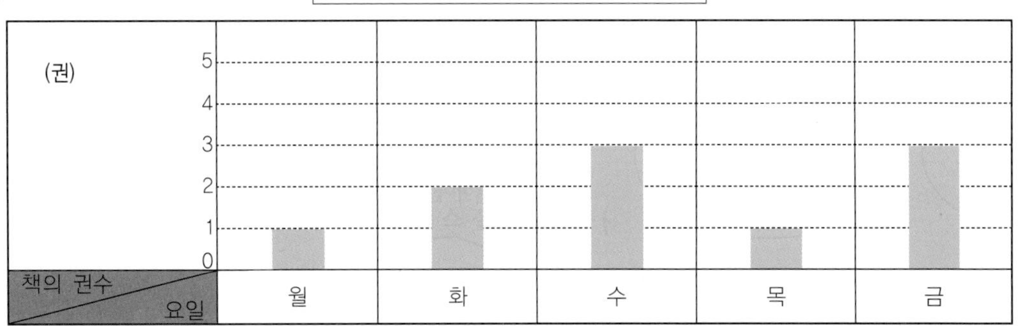

정리해 볼까요? 요일, 책 권수, 1권

95쪽

첫걸음 가볍게!

1 요일, 독서한 시간

2 10

3 (독서한 시간) / (요일)

4 분

5

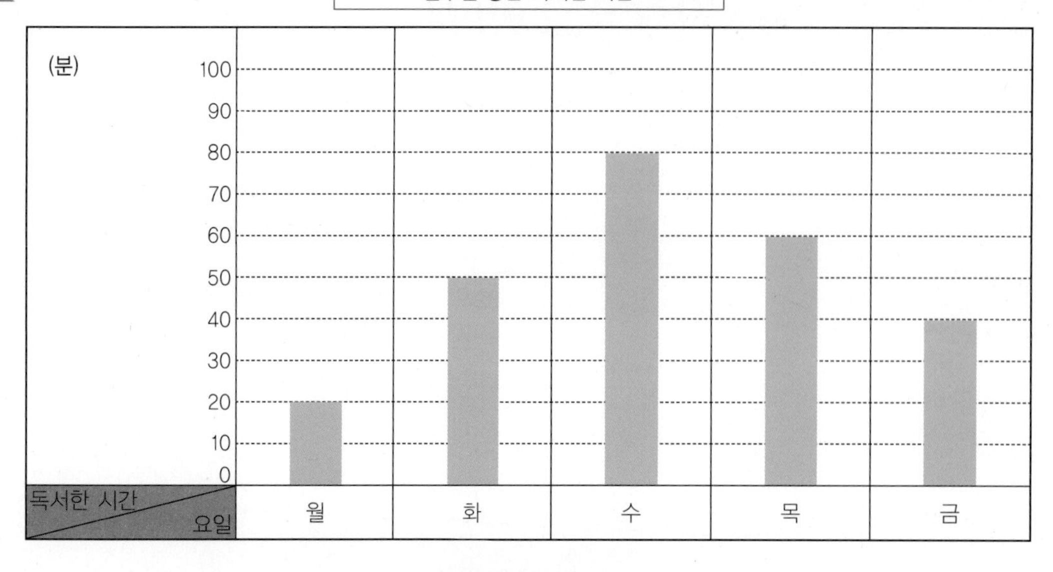

96쪽

한 걸음 두 걸음!

1

색깔	빨강	노랑	초록	파랑	합계
학생 수	5	5	8	6	24

2 색깔, 학생 수

3 1

4 (학생 수) / (색깔), 명

5

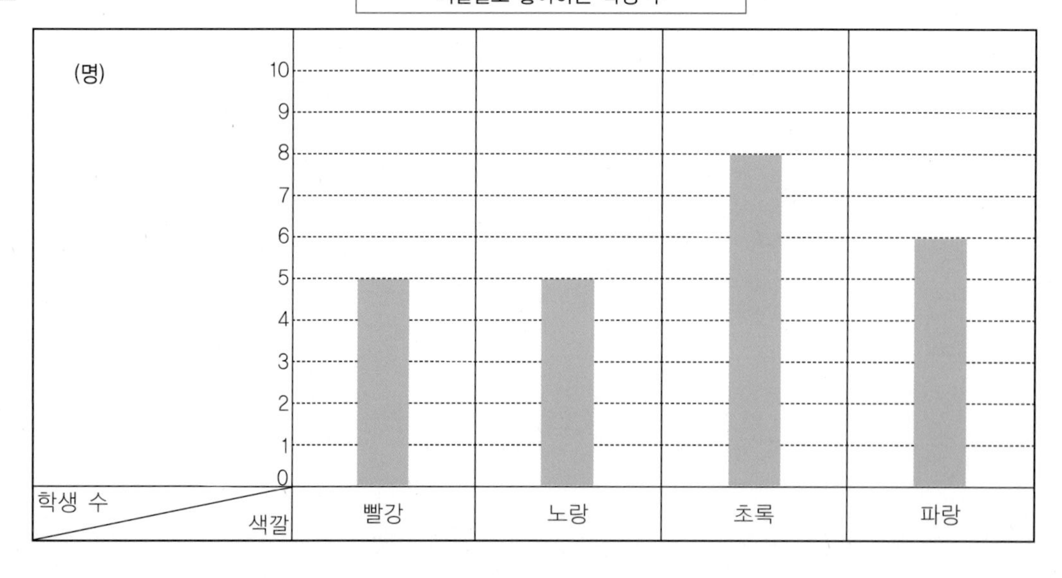

97쪽

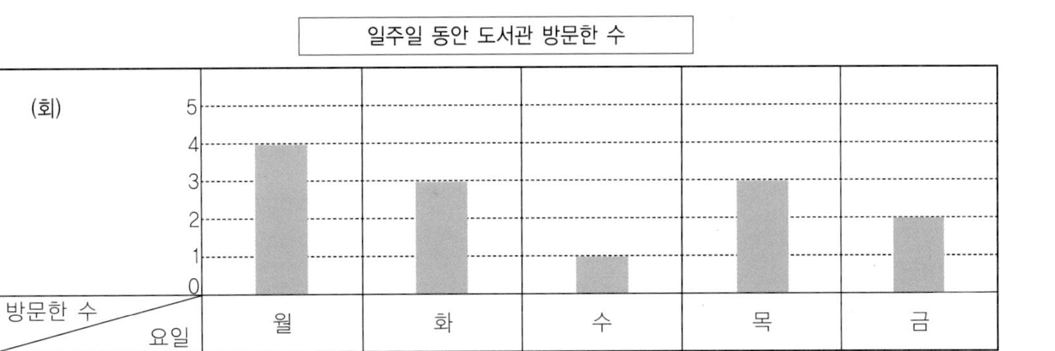

1

색깔	빨강	노랑	초록	파랑	주황	합계
학생 수(명)	4	3	5	3	3	18

2

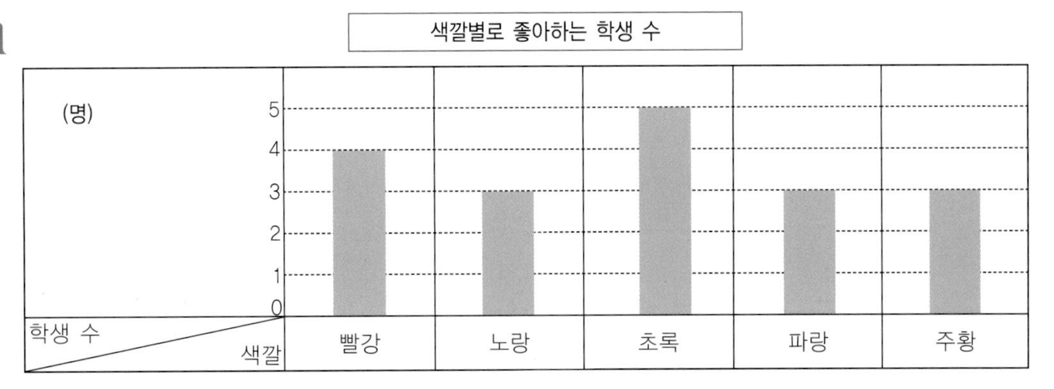

98쪽

실전! 서술형!

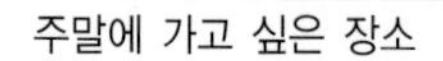

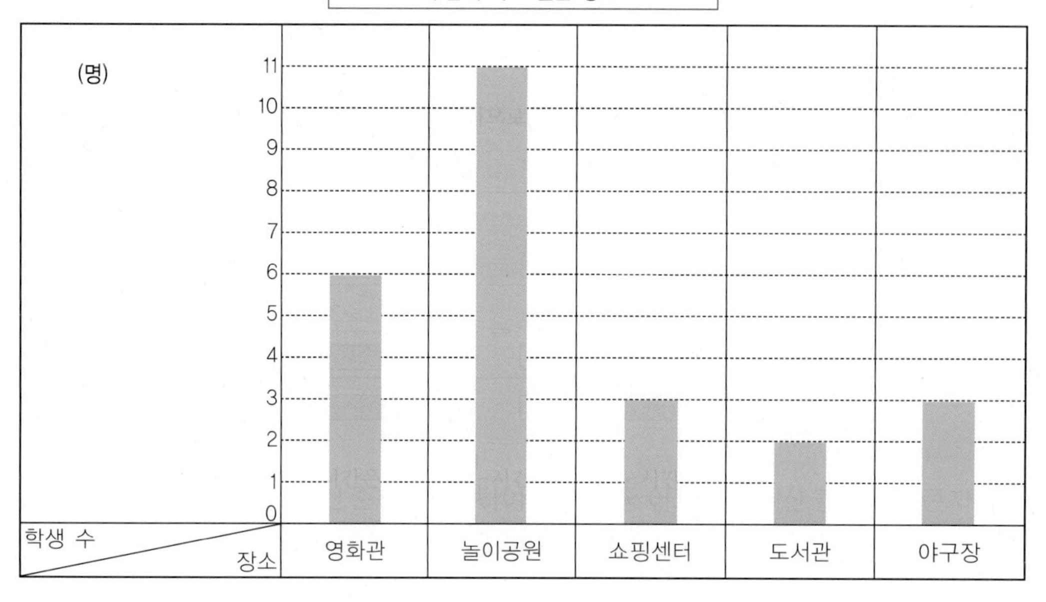

<풀이과정> (단, 장소는 예시로 든 것입니다. 장소의 순서는 바뀌어도 됩니다.)

1. 막대그래프의 가로에는 장소, 세로에는 학생 수를 나타냅니다.

2. 세로 한 칸의 크기를 1명으로 하여 나타내고 ( )에는 명을 씁니다.

3. 유라의 말에서 놀이공원에 가고 싶은 학생 수는 11명입니다.

4. 혜미의 말에서 도서관에 가고 싶은 학생 수는 2명입니다.

5. 진구의 말에서 영화관에 가고 싶은 학생 수는 $2 \times 3 = 6$명이 됩니다.

6. 학급 친구의 수 25명에서 놀이공원, 도서관, 영화관에 가고 싶은 학생 수를 빼면 $25-11-2-6=6$ 명입니다.

7. 현지의 말에서 쇼핑센터와 야구장에 가고 싶은 학생은 각각 3명이 됩니다.

99쪽

개념 쏙쏙!

1 이름, 독서한 시간

2 4

3 20분

4 독서한 시간

5 유라

6 혜미, 유라, 진구, 현지

100쪽

첫걸음 가볍게!

1 200, 60, 140

<풀이> 가장 많이 독서한 학생은 혜미, 가장 적게 독서한 학생은 현지입니다.

2 진구

3 2

<풀이> 유라의 독서 시간은 160이고 진구의 독서 시간은 80입니다.

4 많습니다.

<풀이> 혜미와 현지의 독서 시간의 합은 200+60=260이고, 유라와 진구의 독서 시간 합은 160+80=240입니다.

5 120

<풀이> 혜미의 독서 시간은 200분이고, 진구의 독서 시간은 80분입니다.

101쪽

한 걸음 두 걸음!

1 약, 가까이

2 30, 35, 할 수 없다.

3 준영

4 30, 35, 약 35

5 30, 35, 할 수 없다. 준영, 30, 35, 약 35

102쪽

도전! 서술형!

1 유라, 혜미, 진구

<풀이> 막대의 길이가 받은 용돈을 나타냅니다.

2 진구, 5500원, 유라, 3000원, 5500−3000=2500

3 혜미가 받은 용돈을 나타내는 막대의 길이가 3500과 4000 사이에 있습니다.

4000보다는 3500에 더 가까이에 있기에 약 3500원이 됩니다.

그래서 주어진 문장은 바르지 않은 문장입니다.

103쪽

실전! 서술형!

1 회전목마를 기다리는 사람이 가장 많습니다.

회전목마를 기다리는 사람의 수는 약 40명입니다.

기다리는 사람이 많은 순서대로 쓰면 회전목마, 물배, 바이킹, 정글모험이 됩니다. 등

2 진아: 회전목마를 기다리는 사람은 약 40명, 물배를 기다리는 사람은 35명으로 기다리는 사람 수의 차는 약 5명이 됩니다.

준영: 바이킹을 기다리는 사람 수는 약 35명이고 정글모험을 기다리는 사람은 30명입니다. 기다리는 사람 수의 차는 약 5명입니다.

그래서 진아와 준영이가 말한 경우 기다리는 사람 수의 차가 거의 같습니다.

진아와 준영이의 말 내용이 모두 바릅니다.

104쪽

1 1)

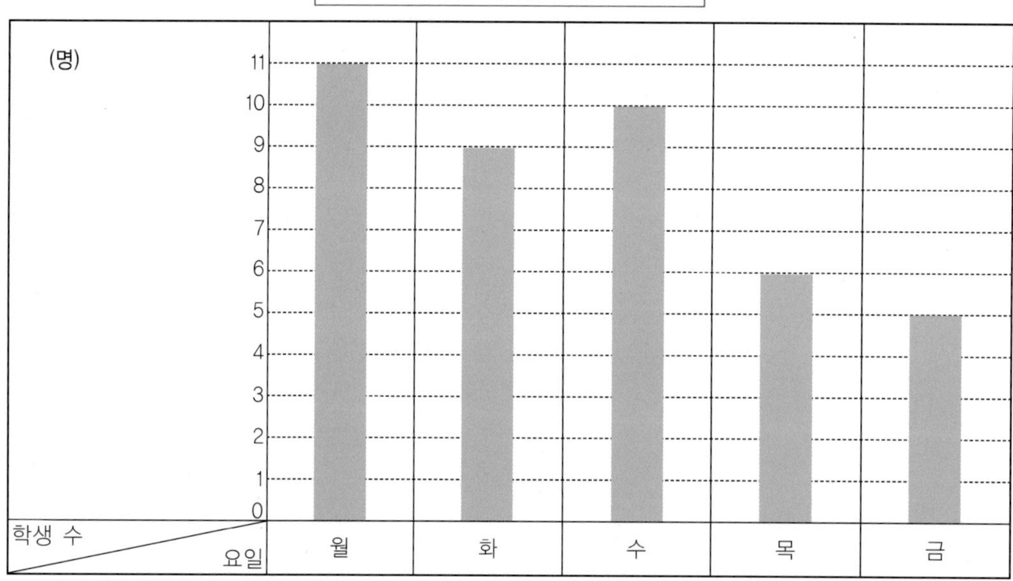

2) 월요일에 독서를 한 학생이 가장 많습니다.

화요일에 독서를 한 학생은 9명입니다.

수요일과 목요일에 독서를 한 학생의 차는 4명입니다.

가로에는 요일을, 세로에는 학생 수를 나타내었습니다.

세로 한 칸의 크기는 1명입니다. 등

2 진아: 바이킹의 막대의 길이는 30과 35 사이에 있지만 35에 더 가깝기에 약 35명이라고 읽을 수 있습니다. 그래서 진아의 말은 바릅니다.

준영: 막대의 길이가 가장 짧은 것이 정글모험이기에 기다리는 사람의 수가 가장 적은 놀이기구입니다. 그래서 준영이의 말은 바릅니다.

민서: 모든 놀이기구의 막대의 길이가 25보다 길기에 기다리는 사람 수가 25명보다 많습니다. 그래서 민서의 말은 바릅니다.

현기: 회전목마를 기다리는 사람은 약 40명이고, 정글모험을 기다리는 사람은 30명입니다. 그래서 그 차는 약 10입니다.

그래서 현기의 말이 바르지 않습니다.

저자약력

김진호

미국 컬럼비아대학교 사범대학 수학교육과
교육학박사
2007 개정 교육과정 초등수학과 집필
2009 개정 교육과정 초등수학과 집필
한국수학교육학회 학술이사
대구교육대학교 수학교육과 교수
Mathematics education in Korea Vol.1
Mathematics education in Korea Vol.2
구두스토리텔링과 수학교수법
수학교사 지식
영재성계발 종합사고력 영재수학 수준1, 수준2, 수준3,
수준4, 수준5, 수준6

박경연

대구교육대학교 초등수학교육 석사
대구교육대학교대구부설초등학교 근무
영재성계발 종합사고력 영재수학 수준4

여승현

한국교원대 대학원 수학교육 석사
대구동곡초등학교 근무
미국 미주리주립대학교 수학교육 박사 재학 중
영재성계발 종합사고력 영재수학 수준6
EBS 만점왕 평가문제집 수학 4-2
EBS 초등 창의 융합 스마트 수학 UP1권

이응석

대구교육대학교 초등수학교육 석사
구미 해마루초등학교 근무

완전타파
과정 중심 서술형 문제 4학년 1학기

2017년 2월 5일 1판 1쇄 인쇄
2017년 2월 10일 1판 1쇄 발행

공저자 : 김진호 · 박경연
여승현 · 이응석
발행인 : 한 정 주
발행처 : 교육과학사

저자와의 협의하에 인지생략

경기도 파주시 광인사길 71
전화(031)955-6956~8/팩스(031)955-6037
Home-page : www.kyoyookbook.co.kr
E-mail : kyoyook@chol.com
등록: 1970년 5월 18일 제2-73호

낙장 · 파본은 교환해 드립니다.
Printed in Korea.

정가 14,000원
ISBN 978-89-254-1123-1
ISBN 978-89-254-1119-4(세트)